Samira HAMZA REGUIG
Hadil YOUBI

Presença e utilização de heterociclos para fins terapêuticos

Samira **HAMZA REGUIG**
Hadil YOUBI

Presença e utilização de heterociclos para fins terapêuticos

ScienciaScripts

Imprint

Any brand names and product names mentioned in this book are subject to trademark, brand or patent protection and are trademarks or registered trademarks of their respective holders. The use of brand names, product names, common names, trade names, product descriptions etc. even without a particular marking in this work is in no way to be construed to mean that such names may be regarded as unrestricted in respect of trademark and brand protection legislation and could thus be used by anyone.

Cover image: www.ingimage.com

This book is a translation from the original published under ISBN 978-620-6-71316-6.

Publisher:
Sciencia Scripts
is a trademark of
Dodo Books Indian Ocean Ltd. and OmniScriptum S.R.L publishing group

120 High Road, East Finchley, London, N2 9ED, United Kingdom
Str. Armeneasca 28/1, office 1, Chisinau MD-2012, Republic of Moldova, Europe
Printed at: see last page
ISBN: 978-620-7-65773-5

Presença e utilização de heterociclos para fins terapêuticos

Escrito pela Dra. Samira HAMZA REGUIG

elleHadil YOUBI

Índice

INTRODUÇÃO GERAL

INTRODUÇÃO GERAL

Cerca de dois terços das publicações em química abordam, de uma forma ou de outra, os heterociclos, devido à sua diversidade estrutural. As suas propriedades e as inúmeras virtudes que os caracterizam. Um número muito elevado de substâncias e de medicamentos naturais ou sintéticos são, de facto, heterociclos. [1]

A química heterocíclica é uma parte integrante da química orgânica. Os compostos heterocíclicos estão muito presentes na natureza e são essenciais à vida. O ADN do material genético é também constituído por bases heterocíclicas - pirimidinas e purinas.

Vários compostos heterocíclicos têm aplicações agrícolas como insecticidas, fungicidas, herbicidas, pesticidas, etc. Também têm aplicações como sensibilizadores, reveladores, antioxidantes, copolímeros, etc. São utilizados como veículos na síntese de outros compostos orgânicos. [2]

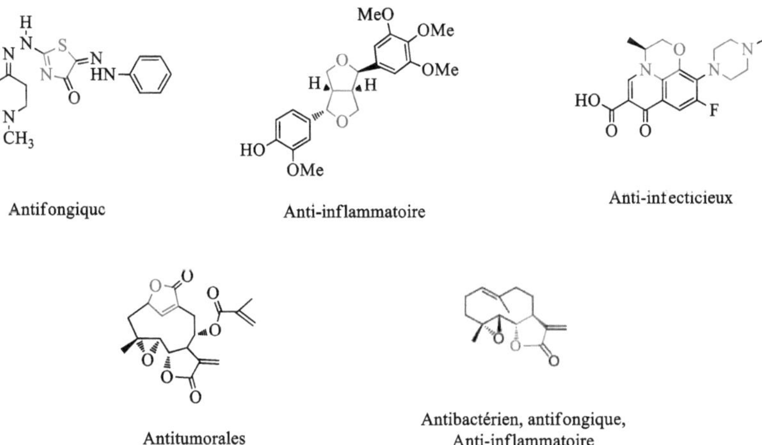

Figura 1: Exemplos de alguns heterociclos com actividades biológicas.

Para além da introdução e da conclusão geral, o trabalho desenvolvido divide-se em três capítulos, sendo que o primeiro, em que se discutem em pormenor as regras de nomeação sistemática dos sistemas heterocíclicos em que se fundem vários anéis aromáticos ou heteroaromáticos, está fora do âmbito desta tese.

No segundo capítulo, estudamos as propriedades físicas e químicas de cada família em função do número de ligações para definir a sua influência na atividade biológica.

A utilização terapêutica dos heterociclos é apresentada no terceiro capítulo. Nele se descrevem as múltiplas actividades biológicas de cada tipo de heterociclos de diferentes heteroátomos.

Por último, uma conclusão geral encerrará este trabalho, resumindo os seus pontos mais essenciais.

CAPÍTULO I

NOMENCLATURA DOS HETEROCICLOS

I-Introdução :

Os heterociclos representam a maioria das moléculas utilizadas na indústria e são objeto de uma investigação muito ativa a nível mundial. A literatura dedicada à química dos heterociclos é particularmente extensa, com mais de um quarto das publicações químicas actuais relacionadas com este domínio.

Desempenham um papel vital nos processos biológicos (vitaminas, hormonas, antibióticos, corantes, etc.) e são também as estruturas de base de uma grande variedade de medicamentos.

II-Definição de heterociclos :

Se os átomos formarem uma cadeia, diz-se que os compostos correspondentes são acíclicos. Por outro lado, se os átomos formarem um anel, os compostos são cíclicos.

Se o anel for constituído inteiramente por átomos de carbono, trata-se de um carbociclo. Um anel constituído por pelo menos dois tipos de átomos é um heterociclo.

Existem dois grupos de heterociclos: os que contêm um ou mais átomos de carbono ligados a um ou mais elementos como o oxigénio, o enxofre, o azoto, etc., designados por heteroátomos, que são os compostos heterocíclicos orgânicos, e os que não contêm átomos de carbono, que são os heterociclos inorgânicos ou minerais, que não são abrangidos pela nossa investigação. [[3] **(figura 1)**.

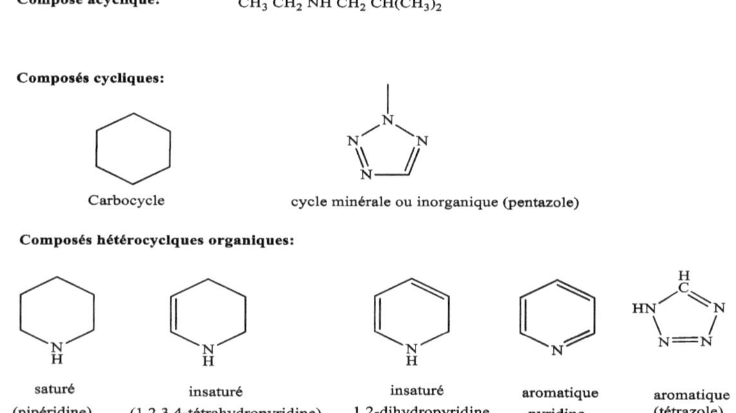

Figura 1: Os diferentes tipos de compostos químicos.

III-Nomenclatura dos heterociclos :

A nomenclatura dos heterociclos é regida por convenções internacionais definidas pela União Internacional de Química Pura e Aplicada **(IUPAC).**

São utilizados dois tipos principais de nomenclatura IUPAC: a nomenclatura de **Hantzsch-Widman** e a nomenclatura **de substituição**. As regras da nomenclatura de Hantzsch-Widman aplicam-se a muitos compostos, nomeadamente aos heterociclos com três a dez átomos no anel. Para os heterociclos **com** mais de 10 átomos de anel, que são mais raros, foi proposta uma outra nomenclatura. [3]

III.1-Regras de nomenclatura de Hantzsch-Widman:

Em geral, o nome químico de um heterociclo é construído da seguinte forma:

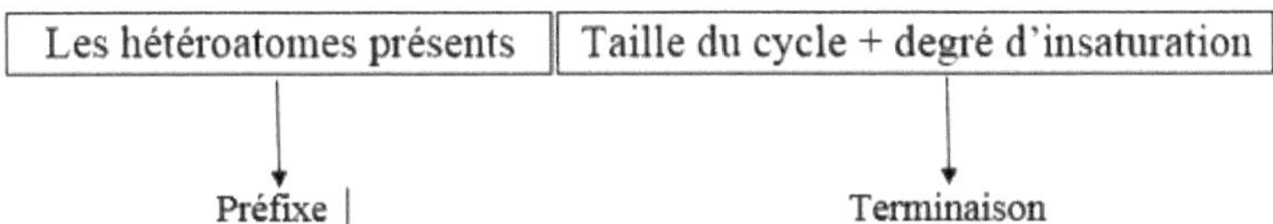

III.1.1-Regras de designação de heterociclos: prefixos e sufixos

A cada heteroátomo é atribuído um prefixo. Estes prefixos são ordenados de acordo com uma convenção para nomear um heterociclo. O quadro 1 apresenta os prefixos e a sua ordem relativa (precedência dos átomos O > S > Se > N...).

Por exemplo, um heterociclo com um átomo de azoto e um átomo de oxigénio no seu anel terá um nome em que os prefixos são, sucessivamente, oxa (O), depois aza (N) porque O > N.

Para facilitar a leitura do nome, escrevemos oxaza em vez de oxaaza, com o "a" terminal do prefixo antes de uma vogal elidido.

Hétéroatomes	Préfixes	Hétéroatomes	Préfixes
Oxygène (O)	oxa	Bismuth (Bi)	Bisma
Soufre (S)	thia	Silicium (Si)	sila
Sélénium (Se)	selena	Germanium (Ge)	germa
Azote (N)	aza	Etain (Sn)	stanna
Phosphore (P)	phospha	Plomb (Pb)	plomba
Arsenic (As)	arsa	Bore (B)	Bora
Antimoine (Sb)	stiba	Mercure (Hg)	mercura

Quadro 1

O número de elementos que constituem o anel é indicado por dois sufixos, um para os compostos insaturados e outro para os compostos saturados.

Número de ligações no ciclo (tamanho do ciclo)	Ciclo não saturado	Ciclo saturado	
		não-nitrogenado	que contenha uma ou mais ligações N
3	irene	irano	iridina
4	ète	etano	etidina
5	ole	olano	olidina
6 (série A)	ine	burro	
6 (série A)	ine	insano	
6 (série B)	inina	insano	
6 (série B)	coluna vertebral	epano	
6 (série C)	ocina	octano	
7	onine	onano	
8	ecine	ecano	
9			
10			

O sufixo do nome de um anel de 6 membros totalmente insaturado que contém vários heteroátomos depende de qual deles tem a posição mais baixa na ordem de precedência dos heteroátomos. Consoante este heteroátomo pertença a uma das 3 séries A, B ou C, o sufixo é **ine** ou **inine**.

Série A: O, S, Se, Te, Bi, Hg

Série B: N, Si, Ge, Sn, Ph

Série C: B, F, Cl, Br, I, P, As, Sb

Quadro 2

Exemplo de nomenclatura:

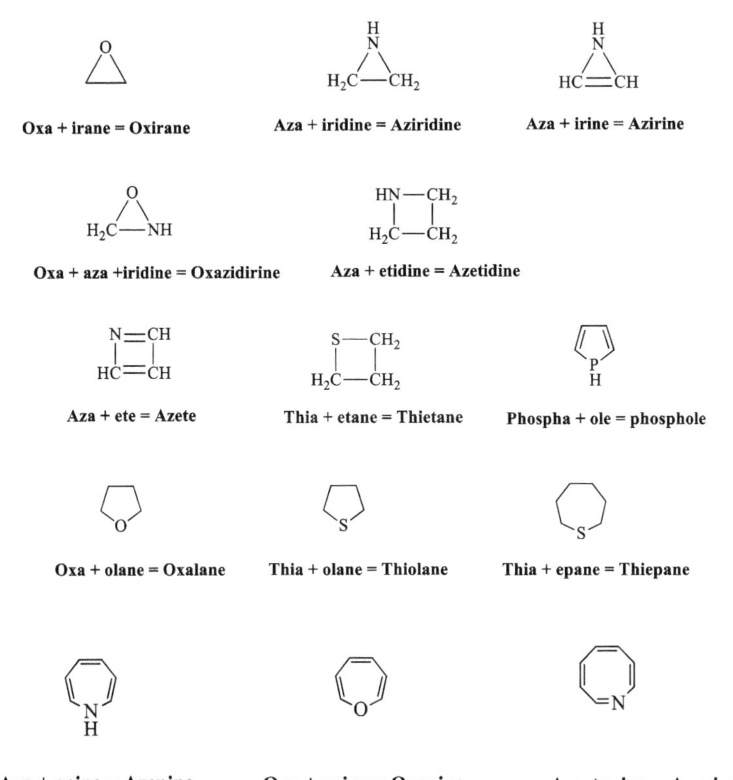

III.1.2-Monociclos com vários heteroátomos do mesmo tipo :

Os monociclos que contêm vários heteroátomos do mesmo tipo são designados indicando as posições de cada um deles antes dos prefixos di-, tri-, tetra-...

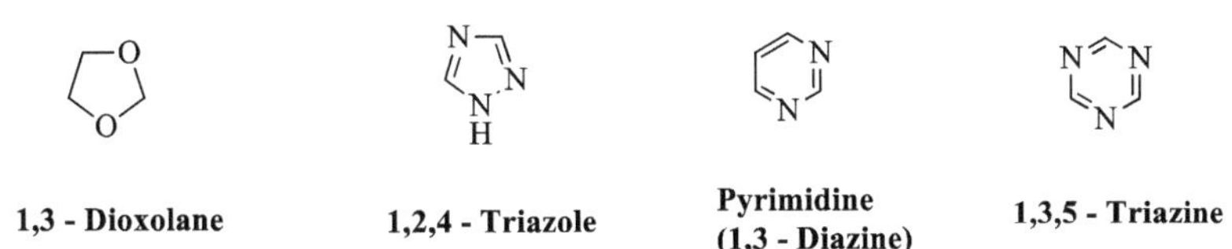

III.1.3-Monociclos com vários heteroátomos de diferentes tipos :

Os monociclos que contêm vários heteroátomos de natureza diferente são designados de acordo com a precedência dos prefixos de cada heteroátomo e o número de cada um deles (Quadro 1). A posição 1 é atribuída ao heteroátomo com maior precedência do que os outros (O > S > N...). [2]

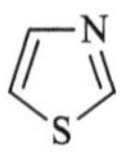

Thia + aza + ole = Thiazole

(1,3 - Tiazole)

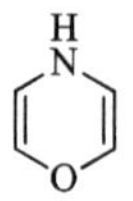

Oxa + aza + ine = Oxazine

(1,4 - Oxazine)

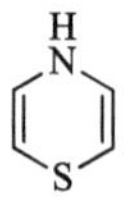

Thia + aza +ine = Thiazine

(1,4 - Thiazine)

III.1.4-Numeração :

1- Com um heteroátomo :

A numeração no ciclo começa no heteroátomo que dá a posição 1 e a extremidade mais próxima da ramificação (o índice da ramificação é o menor índice possível).

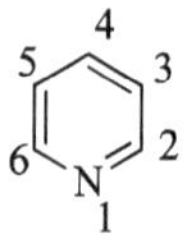

Pyridine

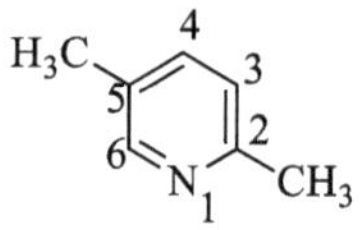

2,5 - Dimethylpyridine

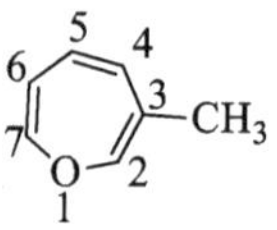

3- Methyloxepin

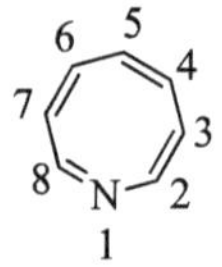

Azocine

2- Com dois heteroátomos da mesma natureza :

Quando existem dois ou mais heteroátomos idênticos no anel, os números que indicam as posições destes átomos são escolhidos de modo a que a soma dos seus índices seja pequena para todos os heteroátomos e depois para os substituintes.

14

[1,3]

Numérotation correcte

[1,4]

Numérotation incorrecte

[1,2,4]

Numérotation correcte

[1,3,4]

Numérotation incorrecte

3- Com 2 heteroátomos diferentes :

Quando o anel heterocíclico contém dois ou mais heteroátomos diferentes, a numeração começa a partir do heteroátomo que tem a maior precedência sobre os outros (O > S > N...).

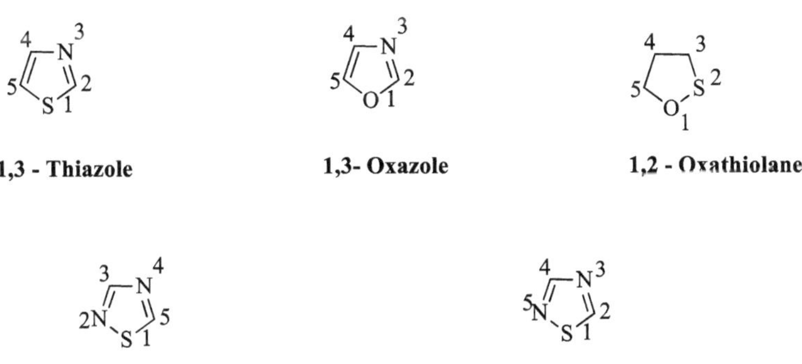

1,3 - Thiazole   **1,3- Oxazole**   **1,2 - Oxathiolane**

1,2,4- Thiadiazole (correcte)   **1,2,3- Thiadizole(incorrecte)**

III.1.5-Monociclos parcialmente saturados com um único heteroátomo :

São utilizados os seguintes prefixos:

- Dihidro para hidrogenação de uma ligação dupla.

- Tetrahidro para a hidrogenação de duas ligações duplas.
- Hexahydro para a hidrogenação de três ligações duplas.

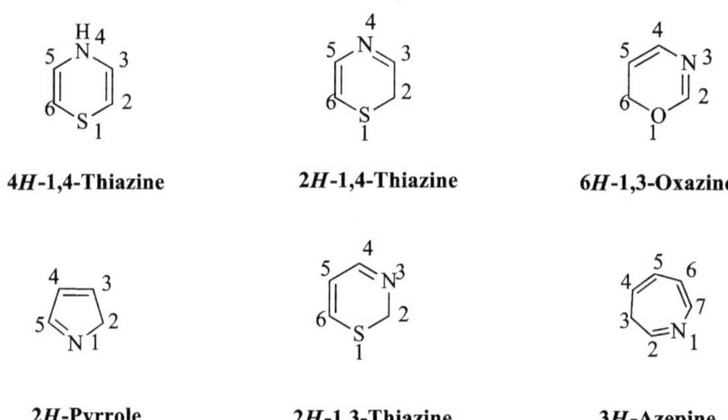

1,4-dioxine   **2,3-dihydro-1,4-dioxine**

III.1.6-Posição de um hidrogénio em certos isómeros estruturais :

Quando a diferença entre vários isómeros é a posição de um hidrogénio no anel, esta é indicada por um *"H"* em itálico precedido pela posição do átomo ao qual está ligado, sendo este último o mais fraco se existirem várias possibilidades [4].

4H-1,4-Thiazine   **2H-1,4-Thiazine**   **6H-1,3-Oxazine**

2H-Pyrrole   **2H-1,3-Thiazine**   **3H-Azepine**

III.2-Nomenclatura específica semi-sistemática ou semi-trivial :

Para muitos compostos naturais descobertos muito antes da publicação das regras da IUPAC, continuam a ser frequentemente utilizadas nomenclaturas específicas (nomenclatura trivial). É o caso de certas estruturas (pirrol, **piridina, quinolina, etc.**) e de produtos naturais, incluindo um grande número de alcalóides (morfina, cocaína, etc.). Algumas nomenclaturas são ditas semi-sistemáticas ou semi-triviais, na medida em que

16

uma parte do nome se refere a um sufixo sistemático: pirrolidina, morfinano, tropano, tropanol, tropinona. [5]

III.2.1-Alguns exemplos que ilustram a nomenclatura :

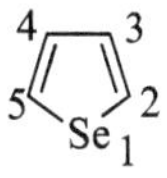

Selenophene 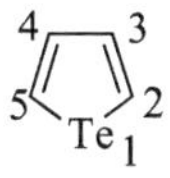   **Tellurophene** 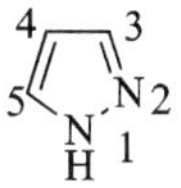   **1*H*-isomère**

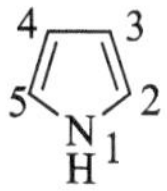

Pyrrole 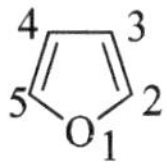   **Furan** 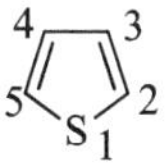   **Thiophene**

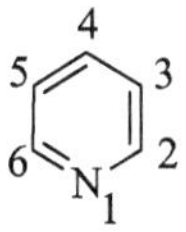

Pyridine 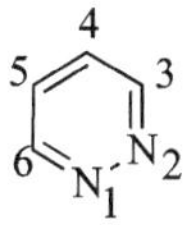   **Pyridazine** 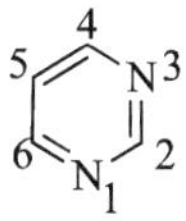   **Pyrimidine**

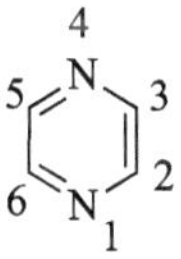

Pyrazine 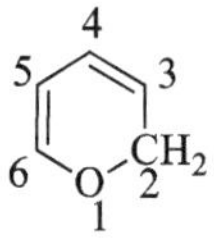   **Pyran**

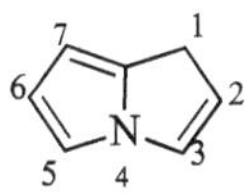

Pyrrolizine 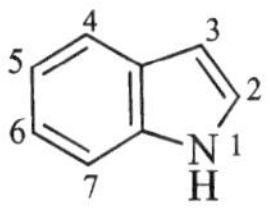   **Indole** 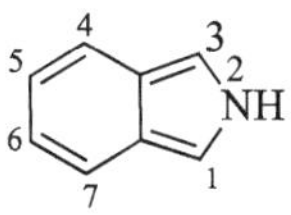   **Isoindole**

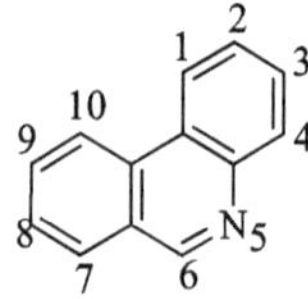

Quinoline

Isoquinoline

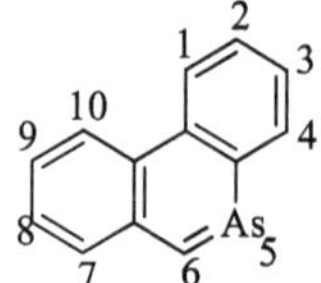

Phosphindole

Isophosohindole

Phenanthridine

Arsanthridine

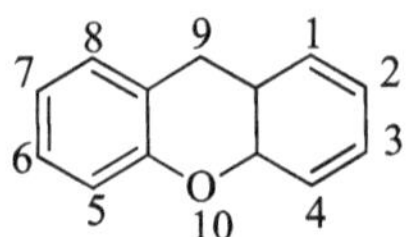

Xanthene

Exception de numérotation

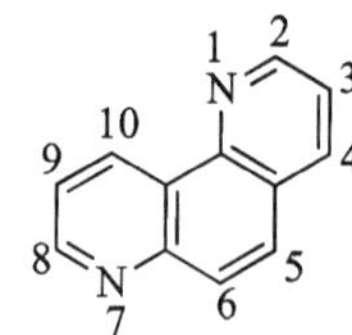

Perimidine

Phenanthroline

III.2.2-Sistema bicíclico: heterociclos fundidos

A nomenclatura dos heterociclos fundidos pode ser sistemática ou trivial. O sistema de heterociclos fundidos é construído pela fusão de dois ou mais anéis estruturais, o anel deve ter o número máximo de duplos não cumulativos e fundidos de tal forma que cada anel tenha uma ligação em comum com o outro. [2]

III.2.2.1-Regras de nomenclatura do presente sistema :

1- O sistema heterocíclico fundido é constituído por dois tipos de ciclos, um dos quais é o ciclo principal e o(s) outro(s) é(são) o(s) ciclo(s) secundário(s).

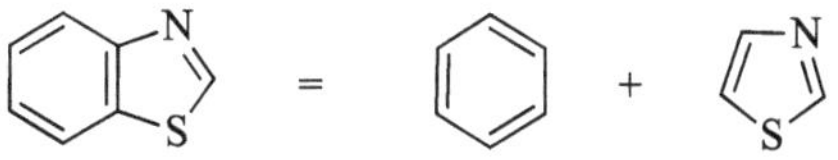

Benzothiazole　　**Benzene**　　**Thiazole**

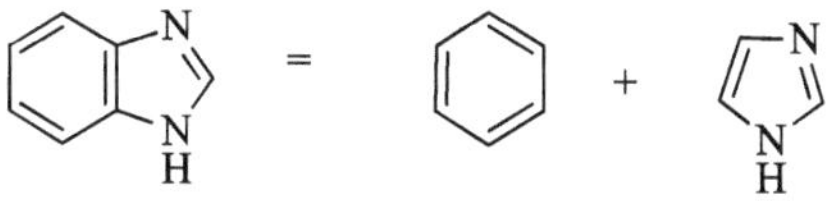

Benzimidazole　　**Benzene**　　**Imidazole**

2- A nomenclatura trivial é a mais favorável no caso dos heterociclos fundidos, como indicámos no quadro anterior, mas se não existir neste último caso, será utilizada a nomenclatura sistemática.

3- O componente de base deve ser um heterociclo e, se pudermos escolher, esta base é determinada pela ordem de preferência.

III.2.2.2-Como selecionar o ciclo principal?

a- **O heterociclo de azoto:** quando existe um heterociclo de azoto neste sistema, é preferível escolhê-lo como ciclo principal.

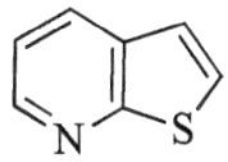

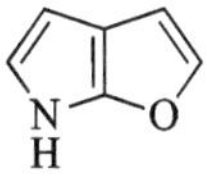

cycle principal : Pyridine　　**cycle principal : Pyrrole**

b- Um heterociclo que não seja o heterociclo de azoto: se estiver presente um heterociclo, este é escolhido como anel principal em todos os casos, de acordo com as regras deste sistema.

Se existirem dois heterociclos para além do heterociclo de azoto, o anel principal é o que contém o heteroátomo, de acordo com a ordem relativa dos átomos na tabela periódica (precedência dos átomos de O > S > Se > N).

cycle principal : Furan

c- Um heterociclo com um grande número de anéis, como a **quinolina**; este é o anel principal se for flanqueado por outro heterociclo com menos anéis.

cycle principal : Quinoline

d- Dois heterociclos de tamanhos diferentes, o ciclo maior tem prioridade.

cycle principal : Thiepine

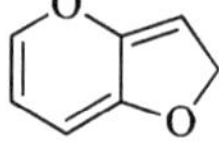

cycle principal : Pyran

e- Heterociclos com o mesmo número de membros mas diferentes números de heteroátomos: o heterociclo com o maior número de heteroátomos é escolhido como anel principal.

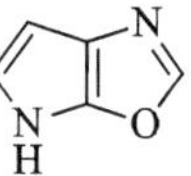

cycle principal :Oxazole

Heterociclos com o mesmo número de membros e o mesmo número de heteroátomos diferentes: neste caso, o anel principal é o que contém heteroátomos de acordo com a precedência dos átomos (O > S > Se > N).

cycle principal :Oxazole   **cycle principal : Thiazole**

f- Heterociclos com o mesmo número de membros e os mesmos heteroátomos: o composto de base é escolhido de acordo com a posição do heteroátomo mais próximo na extremidade da cabeça.

cycle principal : Pyridazine   **cycle principal : Pyrazole**

O ciclo secundário é considerado como um prefixo, com a terminação e substituída por **a** e o "a" antes de uma vogal elidido.

Pirazina Pirazino

Pirazol Pirazolo

Tiazol Tiazolo

No entanto, existem excepções a este sistema de nomenclatura para alguns heterociclos, como se pode ver no quadro seguinte:

o prefixo heterociclo

Piridina Pirido-

Quinolina Quino-

Isoquinolina Isoquino-

Furano Furo-

Tiofeno Tieno-

Imidazol Imidazo

Tabela 3: Prefixos de alguns dos heterociclos mais comuns

As ligações do anel principal são indicadas por letras alfabéticas em itálico, começando com *"a"* para a ligação 1,2, *"b"* para a ligação 2,3, *"c" para a* ligação 3,4 e *"d"* para a ligação 4,5 e assim por diante.

Os átomos do ciclo secundário são numerados da forma habitual: 1, 2, 3, 4, 5, *etc.,* de acordo com a precedência dos átomos.

Os átomos comuns a ambos os ciclos (lado da fusão) são indicados por letras e números apropriados e estão inseridos num suporte quadrado e colocados imediatamente após o prefixo do componente secundário [4].

Thieno[2,3-*b*]furan = **Thiophene cycle secondaire** + **Furan cycle principal**

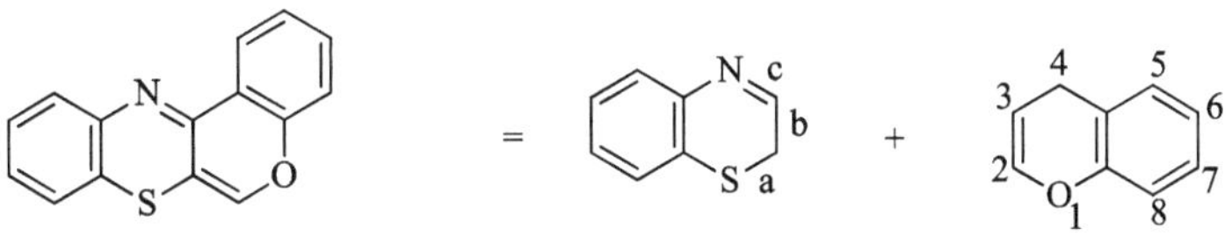

Benzopyrano [3,4-*b*] benzithiazine **[1,4] Benzothiazine** **Benzopyran**
                                         cycle principal   **cycle secondaire**

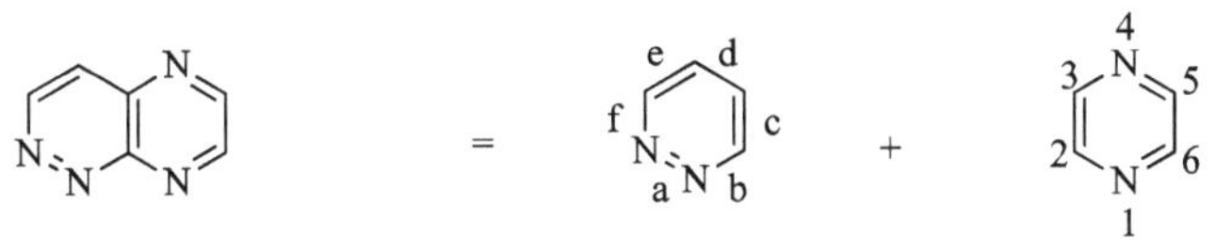

Pyrazinol[2,3-*c*]pyridazine **Pyridazine** **Pyrazine**
                                  cycle principal **cycle secondaire**

Um heteroátomo comum: Se uma posição de fusão for ocupada por um heteroátomo, considera-se que os dois componentes (sistemas cíclicos) possuem esse heteroátomo.

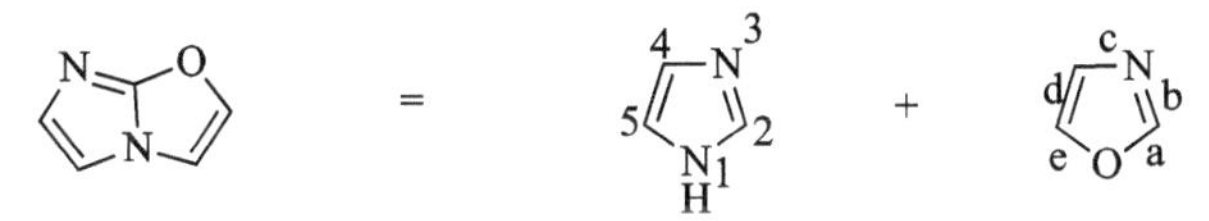

Imidazo[2,1-*b*]oxazole **Imidazole** **Oxazole**
                             cycle secondaire **cycle principal**

III.2.2.3- Numeração

a) O sistema heterocíclico fundido é numerado independentemente da combinação de anéis (primários e secundários). A numeração começa no átomo adjacente à posição de cabeça de ponte com o(s) substituinte(s) mais baixo(s) possível(eis) no(s) heteroátomo(s).

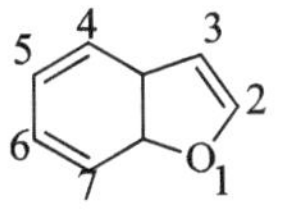

Benzo[*b*]furan 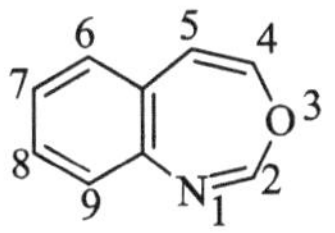 **3,1-Benzooxaepine**

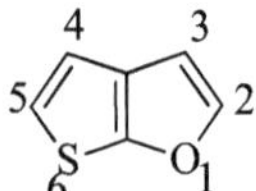

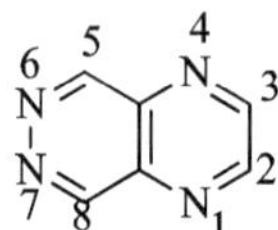

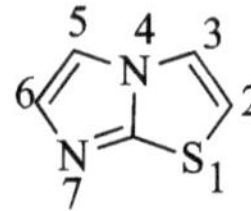

Thieno[2,3-*b*]furan   **Pyrazino[2,3-*d*]pyridazine**   **Imidazo[2,1-*b*]thiazole**

b) O átomo de carbono comum a dois anéis é colocado na posição mais baixa possível, mas não é numerado. No entanto, o heteroátomo numa posição em que dois anéis se fundem (heteroátomo comum) é numerado.

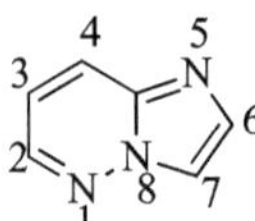

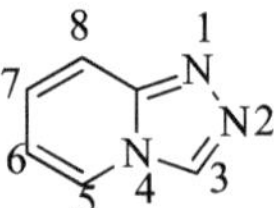

Imidazo[1,2-*b*]pyridazine   **1,2,4-Trizolo[4,3-a]pyridine**

c) A posição de um átomo saturado é indicada por um hidrogénio *em itálico* e é-lhe atribuído o menor número possível de posições de grupos funcionais no anel.

2*H* - Furo[3,2-*b*]pyran

III.2.2.4- Heterociclo ligado a um anel benzénico :

O nome do heterociclo é precedido do prefixo **"benzo"** (com elisão do "o" antes de uma vogal) seguido de uma letra entre parêntesis rectos que designa a ligação comum aos dois anéis definidos a partir do heterociclo.

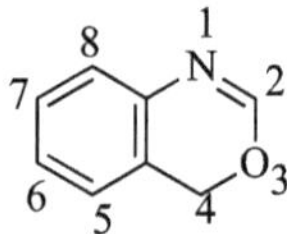

3,1-Benzoxepine   **4*H*-1,4-Benzothiazine**   **4*H*-3,1-Benzooxazine**

III.3- Nomenclatura de substituição :

Os heterociclos são considerados derivados de compostos carbocíclicos através da substituição de um ou mais átomos de carbono por heteroátomo(s). Esta é a base da nomenclatura de substituição dos heterociclos e, consequentemente, as regras de nomenclatura de substituição são semelhantes às aplicadas aos compostos carbocíclicos. Esta é a nomenclatura mais sistemática e é utilizada para os heterociclos que contêm heteroátomos invulgares. [6]

III.3.1-Heterociclo monocíclico :

a) Como todos os prefixos terminam com a letra "a", a nomenclatura de substituição é também designada por nomenclatura "a". A posição e o prefixo de cada heteroátomo são colocados antes do nome do carbociclo correspondente.

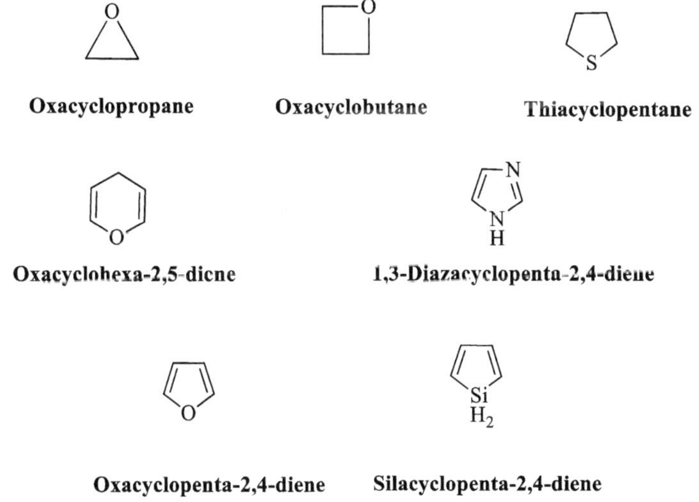

b) A nomenclatura de substituição do derivado do benzeno é utilizada quando existem ligações duplas no anel.

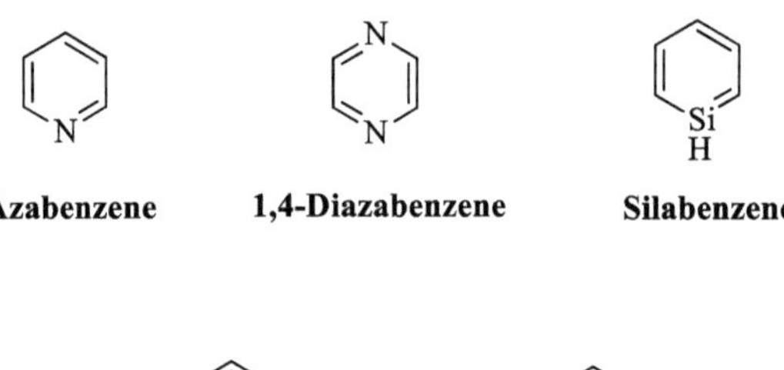

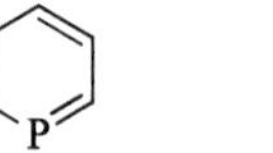

Azabenzene   **1,4-Diazabenzene**   **Silabenzene**

Phosphabenzene   **Bismabenzene**

Numeração de acordo com :

1. O heteroátomo que tem precedência sobre os outros

2. Os outros heteroátomos, de acordo com a tabela

3. Ligações duplas

4. Substituintes

1-Oxa-3-azacyclopenta-2,4-diene   **1-Thia-4-azacyclohexa-2,5-diene**

1-Thia-4-aza-2silacyclohexane   **1,4-Dithiacyclohexa-2,5-diene**

III.3.2-Heterociclos ligados :

A nomenclatura de substituição destes heterociclos baseia-se nas seguintes regras

1. As posições e os prefixos dos heteroátomos estão escritos no início do texto.

2,5-Diazaanthracene　　　　　　**3,9-Diazaphenanthrene**

2. O heteroátomo da junção recebe um número individual no sistema de nomenclatura de fusão, enquanto que no sistema de nomenclatura de substituição, o heteroátomo da junção recebe a mesma etiqueta que um átomo de carbono adjacente não ligado, mas com um sufixo "a" ou "b".

Imidazo[2,1-b]thiazole　　　　**1-Thia-3a,6-diazapentalene**
nomenclature de fusion　　　　**nomenclature de remplacement**

3. O anel carbocíclico correspondente sem o número máximo de ligações duplas não cumulativas é designado sem utilizar um prefixo para o átomo de hidrogénio.

2-Oxa-3-thia-1,5-diazaindane

4. Se o anel carbocíclico correspondente não tiver o número máximo de ligações duplas não cumulativas, considera-se que o sistema heterocíclico tem o número máximo de ligações duplas conjugadas ou livres. O carbociclo correspondente recebe este nome porque contém o número máximo de ligações duplas não cumulativas.

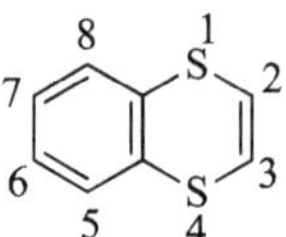

1,4-Dithianaphthalene

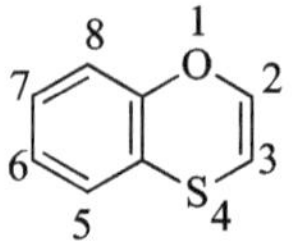

1-Oxa-4-thianaphthalene

III.3.3 - Nomenclatura das espirais :

1. Os compostos em que dois anéis estão fundidos num ponto comum são conhecidos como compostos de espiro e o átomo comum, que é de natureza quaternária, é referido como o átomo de espiro. Os compostos de espiro podem ser classificados de acordo com o número de átomos de espiro: (1) sistemas de anéis monospiro, (2) dispiro e (3) trispiro.

A nomenclatura baseia-se nas seguintes regras:

spiro hydrocarbon
Spiro[x,y]alkane

x = le nombre des atomes à part l'atome spiro dans le plus petit cycle
y = le nombre des atomes à part l'atome spiro dans le plus grand cycle

↓

spiro[4,5]décane

Spiro heterocycle
Spiro[x,y]alkane

x = 4 (le spiro atome n'est pas compté)
y = 5 (le spiro atome n'est pas compté)
alkane:le nombre de tous les atomes present (méme ci l'hétéroatome) = 10 atome ⟶ décane
le préfixe de l'hétéroatome: oxa

↓

6-Oxaspiro[4,5]décane

2. A numeração começa a partir do átomo do anel mais pequeno (se os anéis forem de tamanhos diferentes) ligado ao átomo da espiral e percorre primeiro o anel mais pequeno, depois o anel maior através do átomo da espiral.

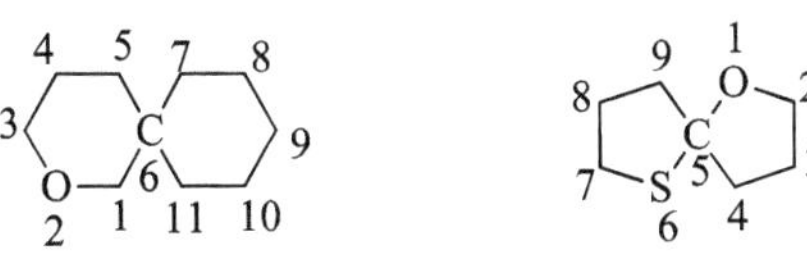

5-Thiaspiro[3.4]octane   **5-Oxa-9thiaspiro[3.5]nonane**

3. O anel heterocíclico é preferido ao anel carbocíclico do mesmo tamanho. Se ambos os anéis forem heterocíclicos, é dada preferência ao heterociclo com o heteroátomo que aparece em primeiro lugar no **quadro 1.**

2-Oxaspiro[5.5]décane   **1-Oxa-6-thiaspiro[4.4]nonane**

4. Se estiverem presentes heterociclos insaturados, o padrão de mordidela permanece o mesmo, mas a direção em torno do anel, de modo a que a ligação múltipla receba um número tão baixo quanto possível.

1-Oxaspiro[4.5]déc-6-ène   **6-Oxaspiro[4.5]déc-9-ène**

IV-Conclusão :

Muitos compostos orgânicos, incluindo os compostos heterocíclicos, têm um nome trivial. Este facto deve-se normalmente à ocorrência do composto, à sua primeira preparação ou às suas propriedades específicas.

Concluímos que o objetivo da nomenclatura é ter acesso a nomes inequívocos para os heterociclos de modo a podermos distingui-los; cada um tem o seu próprio nome. Por outro lado, um heterociclo pode receber vários nomes diferentes de acordo com outros sistemas de nomenclatura, mas o sistema atualmente utilizado é a nomenclatura trivial, por ser o mais simplificado dos restantes.

CAPÍTULO II

AS PROPRIEDADES DOS HETEROCICLOS

I-Introdução:

Para além do tipo de átomos no anel, o seu número total também é importante, pois determina o tamanho do anel. O anel mais pequeno é o anel com três membros. Os anéis maiores são os heterociclos com cinco e seis membros. Não existe um limite máximo; existem heterociclos com sete, oito, nove ou mais membros.

Para determinar a estabilidade e a reatividade dos compostos heterocíclicos, é útil compará-los com os seus análogos carbocíclicos. [2]Em princípio, cada heterociclo pode ser derivado de um composto carbocíclico através da substituição de um heteroátomo pelo grupo CH ou CH apropriado. [7]

II-Aromaticidade dos heterociclos :

A classificação dos heterociclos insaturados depende da participação do heteroátomo no sistema de electrões pi. Consequentemente, a reatividade dos heterociclos é diretamente proporcional ao número de heteroátomos. Assim, aquele que contém um único heteroátomo é o mais estável. [8]

II.1- Condições de aromaticidade dos heterociclos :

Diz-se que um composto orgânico é aromático quando satisfaz as seguintes condições:

1- Presença de um anel com um sistema π conjugado formado por ligações duplas e/ou duplos sem ligação;

2- Cada átomo do anel tem uma orbital p;

3- As orbitais p sobrepõem-se (sistema π conjugado), sendo a molécula plana ao nível deste composto cíclico (hibridação sp2).

4- A deslocalização dos electrões π leva a uma diminuição da energia da molécula.

Se os três primeiros critérios forem satisfeitos, mas a deslocalização conduzir a um aumento de energia, diz-se que o composto é anti-aromático.

[e]Na prática, o critério 4 é traduzido pela regra de Hückel: a deslocalização conduz a uma diminuição da energia da molécula (e portanto à sua estabilização) se o número de electrões π for igual a $(4n + 2)$, em que n é um número inteiro positivo ou zero. [9]

II.2-Aromaticidade do anel benzénico:

Para o compreender, vamos estudar a aromaticidade do benzeno:

[2]Os átomos de carbono, no caso do benzeno, têm uma hibridação sp, e os átomos de hidrogénio estão no mesmo plano que o carbono. Isto deixa-nos com 6 orbitais contendo 6 electrões pi. O benzeno é, portanto, um composto aromático porque tem 4n+2 electrões pi (onde n = 1).

Existem duas formas mesoméricas para o benzeno, Y tem um total de seis orbitais p que formam as nuvens electrónicas estabilizadoras acima e abaixo do núcleo aromático. Este diagrama mostra uma das orbitais moleculares que contém dois dos electrões deslocalizados, as outras orbitais moleculares quase nunca são desenhadas. Também pode ser representado pela forma que representa a disposição cíclica dos electrões **(figura 2).**

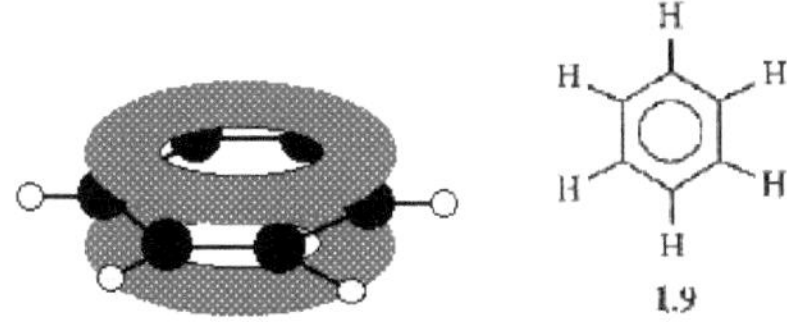

Figura 2: Aromaticidade do anel benzénico

Devido à aromaticidade do benzeno, a molécula resultante tem uma forma planar, com cada ligação C-C a ter um comprimento de 1,39 Å e um ângulo de ligação de 120°. Mas como é possível que todas as ligações tenham o mesmo comprimento se o anel é conjugado tanto simples (1,47 Å) como duplo (1,34 Å), por isso é importante notar que não existem ligações simples ou duplas distintas no benzeno. Em vez disso, a deslocalização do anel significa que cada ligação conta como uma ligação e meia entre os átomos de carbono, o que faz sentido porque experimentalmente descobrimos que o comprimento real da ligação é entre uma ligação simples e uma dupla.

II.3-Por que a regra do π-eletrão (4n+2)?

De acordo com a teoria das orbitais moleculares de Hückel, um composto é particularmente estável se todas as suas orbitais de ligação molecular estiverem preenchidas com electrões emparelhados. Este é o caso dos compostos aromáticos, o que significa que são bastante estáveis.

Nos compostos aromáticos, 2 electrões preenchem a orbital molecular de energia mais baixa e 4 electrões preenchem cada nível de energia subsequente (o número de níveis de energia subsequentes é indicado por n), deixando todas as orbitais de ligação preenchidas e nenhuma orbital anti-ligação ocupada. Isto dá um total de 4n+2 electrões.

O benzeno tem 6 electrões; os seus 2 primeiros electrões preenchem a orbital de mais baixa energia e restam-lhe 4 electrões. Estes 4 preenchem as orbitais do nível energético seguinte. Repare como todas as suas orbitais de ligação estão preenchidas, mas nenhuma das orbitais de anti-ligação tem electrões **(Figura 3)**.

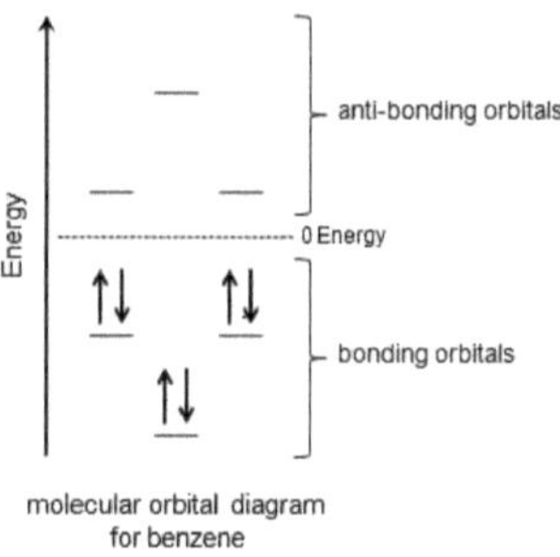

Figura 3: Diagrama orbital molecular do composto aromático

Para aplicar a regra 4n+2, comece por contar o número de electrões π na molécula. Em seguida, defina esse número como 4n+2 e resolva para n. Se n for 0 ou qualquer número inteiro positivo (1, 2, 3,...), a regra é respeitada. Por exemplo, o benzeno tem seis electrões:

4n+2=6

4n=4

n=1

Para o benzeno, verificamos que *n=1*, que é um número inteiro positivo, pelo que a regra é respeitada. [10]

<h1 style="text-align:center">III-Reatividade dos heterociclos:</h1>

III.1-Heterociclos com três membros :

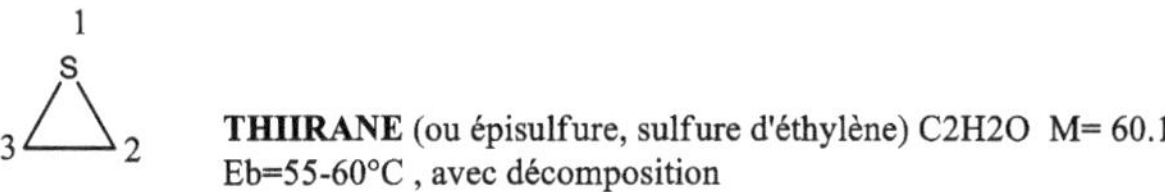

OXIRANE (ou époxyde, ou oxyde d'éthtlène) C_2H_4O M=44.05 , liquide , Eb=10,6°C

THIIRANE (ou épisulfure, sulfure d'éthylène) C2H2O M= 60.11 , liquide , Eb=55-60°C , avec décomposition

AZIRIDINE (ou éthylène imine) , liquide , Eb = 56°C

[1]

Os heterociclos com três membros são moléculas tensas porque os seus ângulos diedros são próximos de 60°, pelo que estão muito longe de109°28 '. Estes heterociclos têm um elevado conteúdo energético em comparação com os seus isómeros acíclicos e geralmente têm uma ligação curta (C-C) em comparação com os ciclopropanos (o tiirano é uma exceção).

Estes compostos são muito reactivos com ácidos, bases e reagentes nucleófilos como as aminas e os álcoois... Isto explica o facto de serem altamente tóxicos e cancerígenos.

No caso dos heterociclos insaturados, a introdução da ligação dupla aumenta ainda mais a distorção angular, o que inevitavelmente aumenta a deformação do anel.

A química dos heterociclos de três membros é dominada pela presença de uma restrição de anel nestas moléculas. A restrição do anel leva a uma maior reatividade e facilita as reacções de abertura do anel. A estabilidade global e a reatividade destes heterociclos não são apenas atribuídas ao efeito combinado do encurtamento da ligação e da distorção angular, mas também dependem da presença de heteroátomo. [2]

III.1.1-Tiirano

O tiirano é um heterociclo sulfuroso saturado de três membros, também conhecido como tiaciclopropano, e foi sintetizado pela primeira vez por *Staudinger* e *Pfinniger* em 1916. Este sistema de anéis está presente em vários produtos naturais na forma isolada. Devido ao maior raio atómico dos átomos de enxofre e ao menor tamanho do anel, a geometria da molécula é semelhante a um triângulo de ângulo agudo [3].

III.1.1.1-Propriedades físicas

O tiirano (sulfureto de etileno) é um líquido incolor com um ponto de ebulição de 55°C e é pouco solúvel em água. Mesmo na ausência de luz, forma polímeros devido à abertura do ciclo. Esta instabilidade explica também a ausência deste ciclo nos produtos naturais. [2]

III.1.1.2-Propriedades químicas :

Devido à sua elevada tensão de anel, estes pequenos heterociclos desempenham um papel importante na síntese fácil de produtos orgânicos, produtos farmacêuticos e intermediários para a construção de vários produtos naturais devido à sua elevada reatividade.

Entre os heterociclos com três membros, as aziridinas são uma classe particularmente versátil de heterociclos úteis para a construção de uma variedade de moléculas com actividades biológicas vívidas. Os ângulos de ligação altamente comprimidos dos compostos heterocíclicos de três membros tornam-nos altamente reactivos a reacções nucleofílicas, electrofílicas, térmicas e fotoquímicas.

III.1.1.2.1-Reacções de abertura do ciclo :

III.1.1.2.1.1-Por reagentes nucleófilos :

A abertura de anéis por nucleófilos é uma reação estereoespecífica que envolve a inversão da configuração do carbono menos substituído sob ataque (por grupos dadores de electrões). O ataque do nucleófilo é dirigido para longe do átomo de enxofre, conduzindo a umião sulfureto ou a um tiol, dependendo do nucleófilo (**Diagrama 1**).

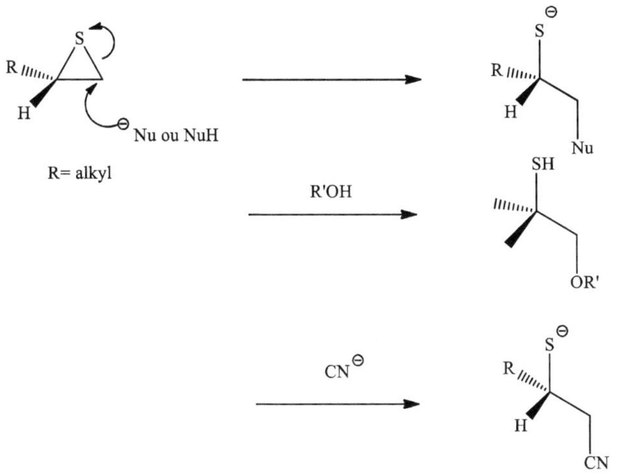

Diagrama 1

III.1.1.2.1.2-Hidreto de alumínio e lítio :

O hidreto de lítio e alumínio abre o anel, dando origem a um tiol. $_2$A reação é estereoespecífica, como demonstrado pela reação realizada com deuterato de alumínio e lítio (SN) (**Esquema 2**).

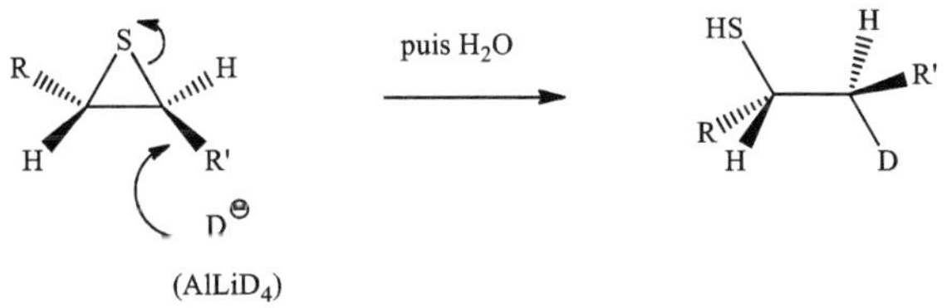

Diagrama 2

III.1.1.2.2.3-Halo de ácido hídrico :

Os ácidos hidroalcoólicos concentrados protonam o enxofre e, em seguida, o ião halogeneto reage no carbono menos substituído para dar p-halotióis (**esquema 3**).

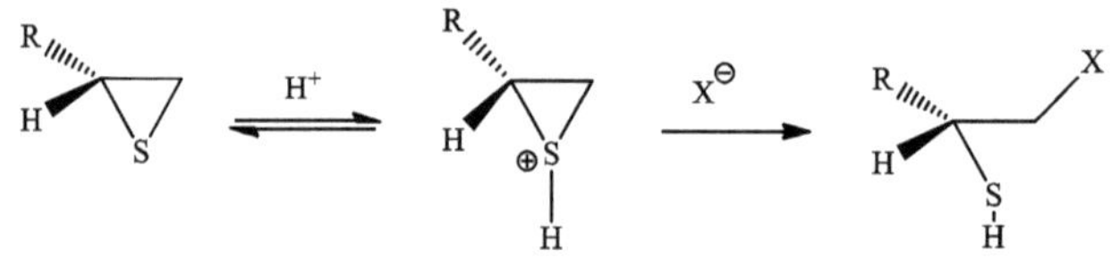

Diagrama 3

III.1.1.3-Oxidação

Existem duas formas oxidadas de tiirano, o monóxido e o dióxido. Os tiiranos são oxidados em monóxidos de tiirano por peroxiácidos ou periodato de sódio. Estes óxidos decompõem-se por aquecimento, dando origem a alcenos e a monóxido de enxofre **(esquema 4).**

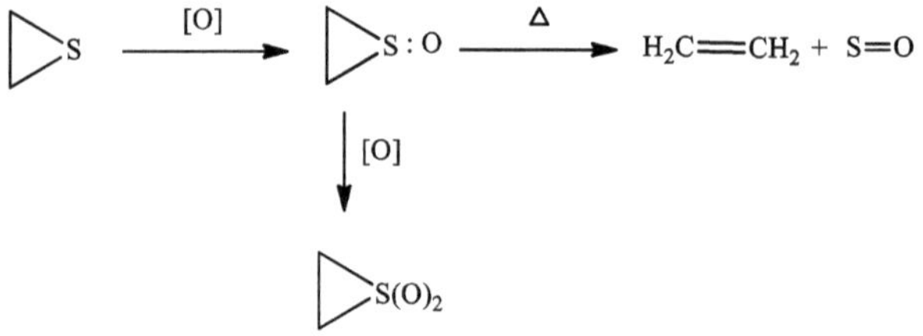

Diagrama 4

III.1.1.4.1 -Dessulfuração com n-butilítio :

A adição de n-butilítio ao 1,2-dimetiltiirano a -78°C em THF conduz ao but-2-eno **(Esquema 5).**

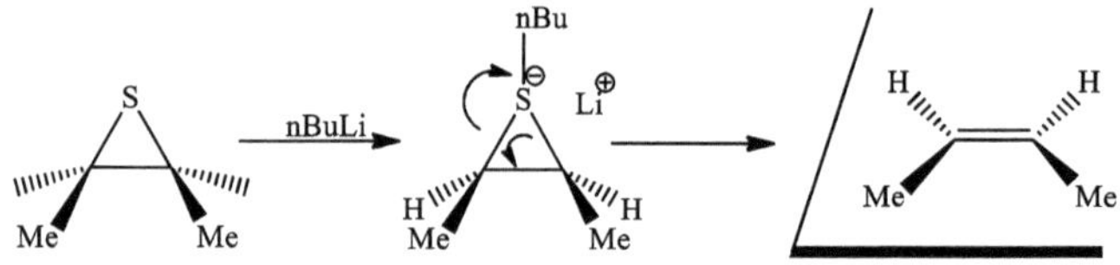

Diagrama 5

III.1.1.4.2 -Dessulfuração por trifenilfosfina :

Os tiiranos substituídos por um grupo aromático ou etilénico conjugado com o anel são dessulfurados termicamente.

A trifenilfosfina dessulfura os tiiranos (A). Este mecanismo inicia-se com a sua coordenação ao enxofre do tiirano, seguida da abertura do anel e da formação do etilénico (B) a partir do qual se forma o heterociclo. [3] (**Esquema 6**)

(A)   **(B)**

Diagrama 6

III.1.2- Azirinas :

1*H*-Azirine   2*H*-Azirine

A azirina, também conhecida como azaciclopropeno, é um heterociclo azotado insaturado com três membros. Como moléculas altamente reactivas, as azirinas estão envolvidas numa variedade de transformações químicas, actuando como dienófilos, dipolarófilos, electrófilos e nucleófilos.

As azirinas são classificadas em *1H-azirinas* com uma ligação C=C e 2H-azirinas com uma ligação C=N. *A 1H-azirina* tem estabilidade a curto prazo. No entanto, *a 2H-azirina* é comparativamente mais estável.

III.1.2.1-Propriedades físicas :

As azirinas são líquidos com um odor a aves de capoeira e são irritantes para a pele. Os comprimentos das ligações C=N e C-N na azirina são de 1,270 e 1,527 Å, respetivamente, enquanto o comprimento da ligação C-C é de 1,458 Å, reduzido em relação ao comprimento normal da ligação C-C.

III.1.2.2-Propriedades químicas :

Verificou-se que as 2H-azirinas sofrem uma grande variedade de reacções de transformação:

1. Reacções nucleofílicas

2. Reacções electrofílicas

3. Clivagem térmica

4. Reacções fotoquímicas

5. Reacções de Diels-Alder

Note-se que as reacções nucleofílicas no nosso estudo :

III.1.2.2.1 -Reacções nucleofílicas :

As 2H-azirinas são muito sensíveis aos nucleófilos e a presença de grupos retiradores de electrões no átomo de carbono também ativa o anel para reacções de adição nucleofílica seguidas de abertura do anel.

Na reação da 2H-azirina com a benzilamina, o passo inicial é a adição da amina à ligação C=N seguida da clivagem do anel para abrir o anel.

III.Heterociclos com 2-4 membros :

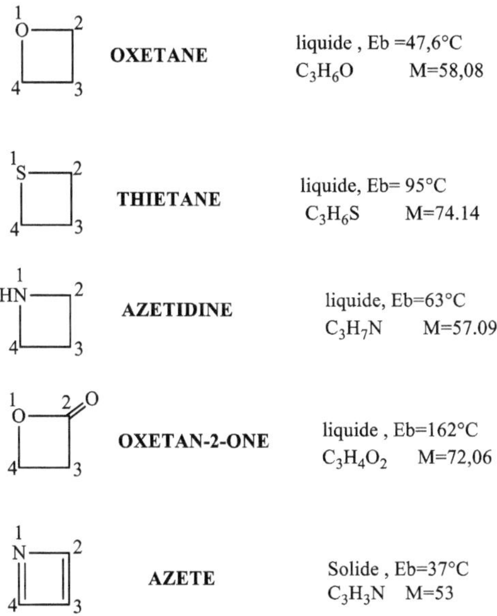

OXETANE — liquide , Eb =47,6°C
C_3H_6O M=58,08

THIETANE — liquide, Eb= 95°C
C_3H_6S M=74.14

AZETIDINE — liquide, Eb=63°C
C_3H_7N M=57.09

OXETAN-2-ONE — liquide , Eb=162°C
$C_3H_4O_2$ M=72,06

AZETE — Solide , Eb=37°C
C_3H_3N M=53

As reacções destes heterociclos são semelhantes às dos heterociclos de 3 membros correspondentes, mas são dificultadas pela diminuição da tensão do anel. A maioria destas reacções conduz à abertura do anel.

₁De um modo geral, em meio ácido, o mecanismo SN é o mais frequente. Os resultados destas reacções são variáveis e dependem muito da natureza e do número de substituintes no anel.

III.2.1 -Oxetano :

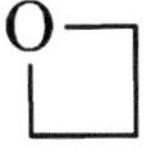

₂A substituição de um dos grupos CH nos anéis de ciclobutano por um átomo de oxigénio dá origem a um anel de oxetano, também conhecido como oxaciclobutano. A estrutura do oxetano é ligeiramente distorcida e o ângulo de ligação ao átomo de O é de 92 graus. [5]

III.2.1.1- Propriedades físicas

O oxetano é um líquido incolor solúvel em água e na maioria dos solventes orgânicos; tem um ponto de ebulição de 47-48°C.

III.2.1.2 - Propriedades químicas :

III.2.1.2.1 -Reacções de substituição electrofílica :

Os oxetanos sofrem substituição electrofílica com diferentes electrófilos em diferentes condições de reação, fornecendo numerosos produtos para gerar diversidade molecular. As diferentes reacções são ilustradas no diagrama seguinte (**Diagrama 7**)

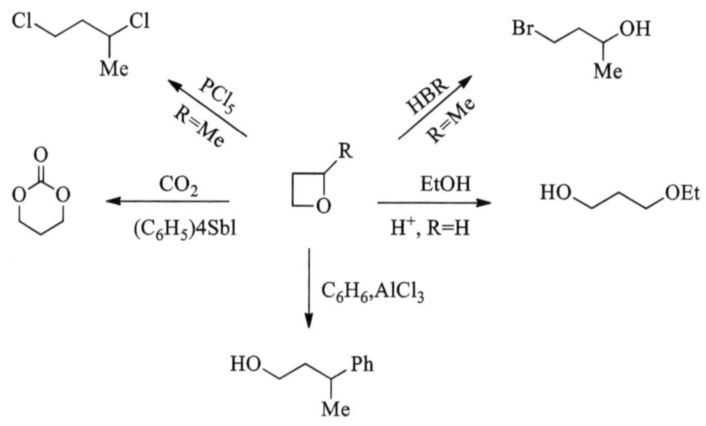

Figura 7

III.2.1.2.2 Reacções de substituição nucleofílica :

O anel de oxetano é propenso a reacções de substituição nucleofílica com diferentes nucleófilos e produz produtos com abertura de anel, como se mostra no diagrama seguinte. [5] (**Esquema 8**)

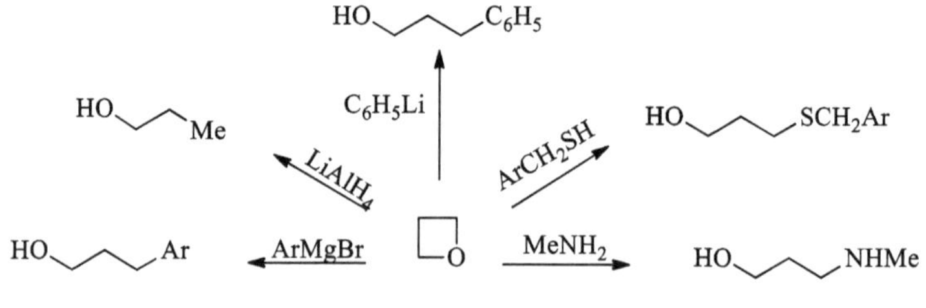

$$\textbf{Diagrama 8}$$

III.2.2 -Azetina :

$=N$ $-NH$

(1)-Azetine   (2)-Azetine

A azetina é um heterociclo insaturado de quatro membros, com três carbonos, um azoto e uma ligação dupla num sistema anelar. A azetina existe em duas formas isoméricas: (1) 1-azetina e (2) 2-azetina, que diferem apenas na posição da ligação dupla. No anel da 1-azetina, o azoto está na forma de imina (N=C), enquanto na 2-azetina está na forma de amina secundária (NH). [4]

III.2.2.1-Propriedades físicas :

A azetina é altamente instável e um gás à temperatura ambiente. Pode ser aprisionada à temperatura do azoto líquido. É um líquido incolor a -70°C e polimeriza rapidamente mesmo num tubo selado desgaseificado a 20°C. [3]A meia-vida da azetina num tubo selado dissolvido em CFCl é de cerca de 90 minutos ou 3 dias na presença de hidroquinona. A presença de vestígios de oxigénio e de ácido induz uma polimerização rápida.

III.2.2.2-Propriedades químicas :

[4]A redução da azetina com LiAlH em éter a 0°C deu origem a azetidina. No entanto, a azetina na presença de HCN em cloreto de metileno a -50°C deu 2-cianoazetidina como um aduto. A pirólise da 1-azetina produz 2-aza-1,3-butadieno. **(Esquema 11)**

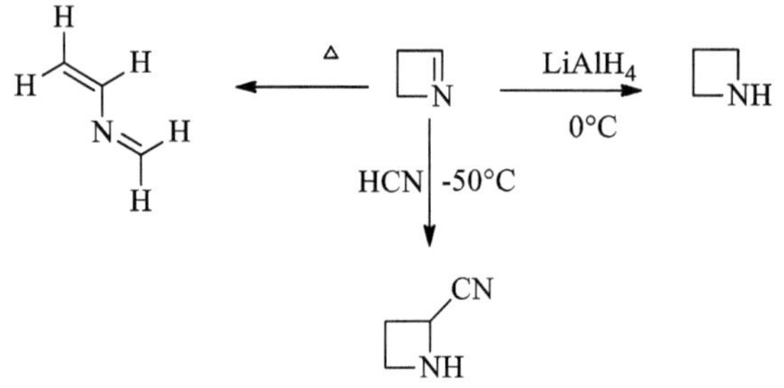

Diagrama 11

A 2-etoxi-3,3-azetina dissubstituída foi obtida por alquilação da azetidina-2-ona 3,3-dissubstituída com sal de tetrafluoroborato de trietiloxónio, o tratamento com ácido mineral concentrado deu azetidina-2-ona 3,3-dissubstituída, na presença de ácido dietílico aquoso, o malonato dissubstituído foi isolado. A redução com LiAlH₄ em éter deu origem a azetidina 3,3-dissubstituída. (**Esquema 12**)

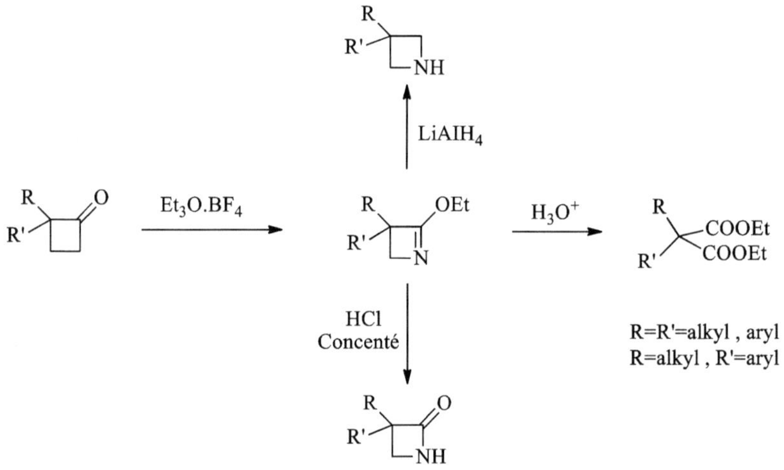

Diagrama 12

A termólise da 4,4-dimetil-2-metoxiazetina a 200°C provoca a abertura do anel para produzir acetimidato de metilo (E)-N-(prop-1-en-2ilo) por deslocamento de 1,5 hidrogénio. [5] (**Esquema 13**).

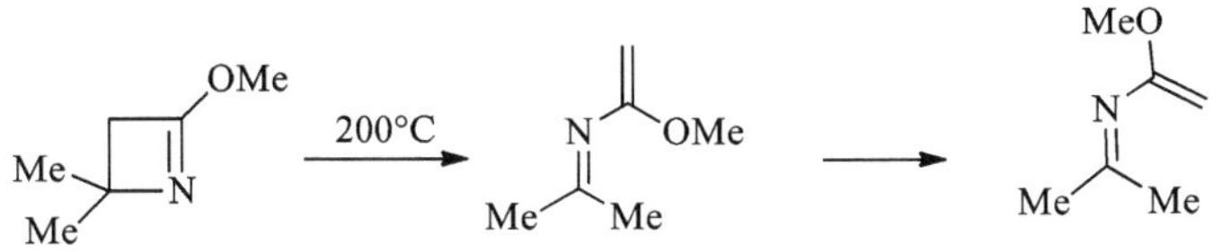

Diagrama 13

III.3-Heterociclos de cinco cadeias :

O pirrol, o furano e o tiofeno são heterociclos de 5 membros que contêm um único heteroátomo. A sua aromaticidade resulta da deslocalização de um único par de electrões do heteroátomo.

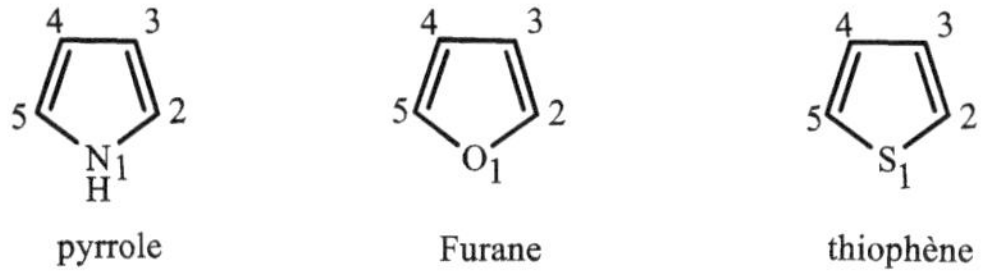

pyrrole   Furane   thiophène

Por exemplo, o furano é o menos aromático do trio porque o oxigénio tem a maior eletronegatividade e, por conseguinte, as representações mesoméricas que o tornam contribuem relativamente menos para a estrutura eletrónica do furano do que nos casos do pirrol e do tiofeno. A ordem de aromaticidade é furano $\geq$ pirrol e tiofeno. [11]

Considera-se que os heterociclos aromáticos de cinco membros derivam do anião ciclopentadienilo 2 e que o doublet livre do heteroátomo está envolvido na deslocalização dos electrões pi no anel. Os seis electrões pi são, portanto, devolvidos a cinco átomos [11] **(Figura 4)**.

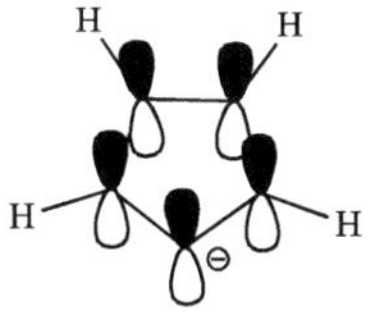

X= NH,S,O

Figura 4: Deslocação dos electrões pi no anel de 5 membros

III.3.1-Pirrolo :

O pirrol é um heterociclo insaturado mononitrogenado de cinco membros, detectado pela primeira vez por F.F. Runge em 1834 a partir da destilação de alcatrão de carvão. Foi também isolado do pirrolisado de ossos. É abundante na natureza como subestrutura, que inclui a clorofila, a hemoglobina, o corante azul índigo e os pigmentos biliares como a bilirrubina, a biliverdina, o cloro, a bacterioclorina e a porfirina. O pirrol também se encontra em muitos alcalóides como subestrutura, produzidos principalmente por plantas. A nicotina é um dos alcalóides mais conhecidos que contém pirrol.

III.3.1.1-Propriedades físicas do pirrol :

O pirrol é um líquido incolor que escurece facilmente quando exposto ao ar. Geralmente é purificado por destilação antes de ser utilizado. Tem um ponto de ebulição de 129°C e uma gravidade específica de 0,967.

A hidrogenação do pirrol é difícil em condições ácidas, pelo que muitos dos reagentes utilizados para a hidrogenação de compostos aromáticos não são aplicáveis aos pirrolos.

III.3.1.2 - Propriedades químicas do pirrol:

III.3.1.2.1 Carácter aromático do pirrol

O pirrol tem 6 electrões deslocalizados, contando com o doublet livre no átomo de azoto

($4n+ 2 = 6$, $n = 1$, segundo a regra de Hückel). O pirrol é, portanto, um composto aromático. Esta deslocalização do doublet do azoto livre **tem por** efeito reduzir a densidade eletrónica em torno deste átomo e tornar o grupo NH fracamente ácido. Existe uma ressonância entre 5 formas limite (**Figura 5**).

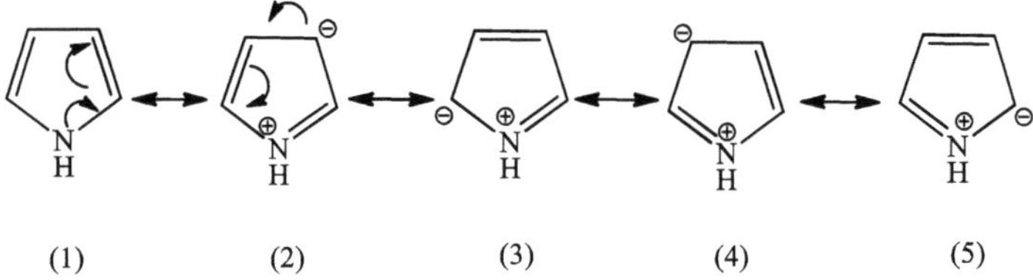

(1)   (2)   (3)   (4)   (5)

Figura 5: As diferentes formas mesoméricas do pirrol.

A forma não carregada 1 é predominante, de acordo com as regras do mesomerismo. Do mesmo modo, entre as formas carregadas, as que têm o menor espaçamento entre cargas, as formas de fronteira 3 e 5, são mais representativas do que as formas de fronteira 2 e 4, cujo espaçamento entre cargas é maior.

Os átomos de carbono estão parcialmente carregados negativamente, enquanto o átomo de azoto tem uma carga positiva parcial. $^{-1}$A energia de ressonância do pirrol é de 100 kJ.mol . $^{-1}$A do benzeno é de 153 kJ.mol . Por conseguinte, o pirrol tem uma estabilidade química inferior à do benzeno. [3]

III.3.1.2.2 - Abertura do ciclo :

Muito poucas reacções conduzem à abertura do ciclo produzindo um único composto. O cloridrato de hidroxilamina, na presença de carbonato de sódio, abre o ciclo dando succindialdeído dioxima com pirrolo. [3] **(Esquema 14)**

$$\text{pirrol} \xrightarrow[\text{Na}_2\text{CO}_3]{\text{HCl , 2H}_2\text{NOH}} \text{succindialdeído dioxima} + NH_3$$

Figura 14

III.3.1.2.3 - Acções dos reagentes electrofílicos sobre o pirrol :

As reacções de substituição electrofílica em carbonos cíclicos são facilitadas pela sua elevada densidade eletrónica. O ataque de um reagente electrofílico conduz primeiro aos intermediários A e B, que depois perdem um protão para dar origem a pirróis substituídos.

O intermediário tem uma carga positiva mais deslocalizada (3 formas limite) do que o intermediário B (2 formas limite). A formação de A é, portanto, favorecida. **(Diagrama 15)**

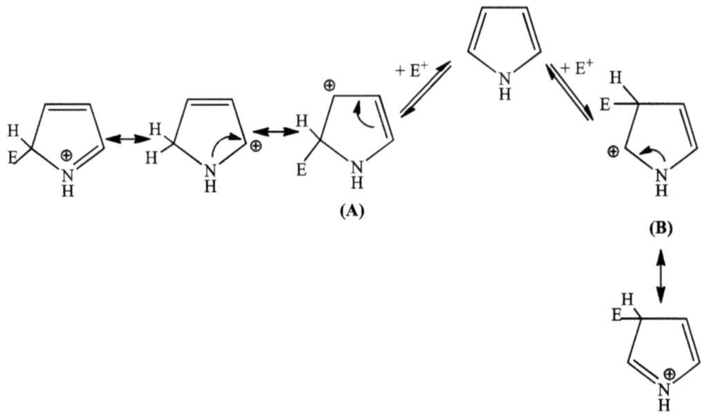

Figura 15

III.3.1.2.3.1 - Ação dos ácidos fortes sobre o pirrol :

Num meio ácido forte (HCI 6N), o pirrol dá origem a dois catiões, C e D.

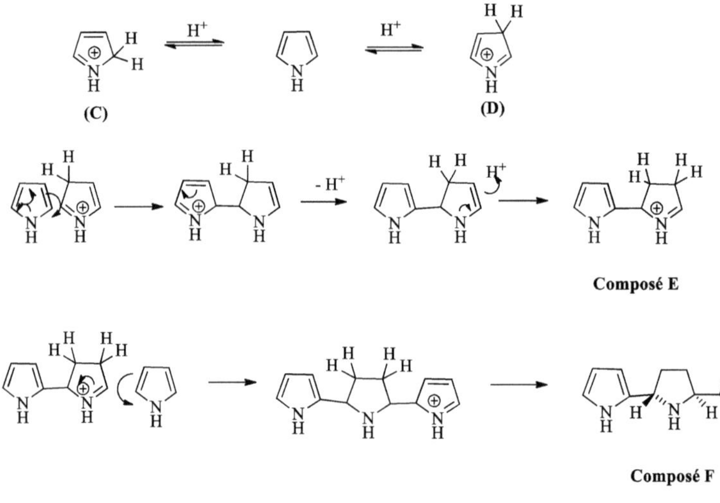

Diagrama 16

O catião **C**, o ião maioritário 2H-pirrólio, é termodinamicamente o mais estável, mas muito menos reativo do que o catião **D**, 3H-pirrólio, e tem um pKa de - 3,6. O catião **D tem** um pKa de -5,9. Actua como um poderoso reagente electrofílico sobre uma molécula de pirrol ainda não protonada para dar o composto **E**, que reage com outra molécula de pirrol para formar o composto **F**, e assim sucessivamente, para finalmente

48

conduzir a um "pseudopolímero", um complexo constituído por 2 pirróis e um tetrahidropirrol **(esquema 16)**.

III.3.1.2.3.2 -Nitração :

Devido à sensibilidade do pirrol a ácidos fortes, a nitração é efectuada em condições relativamente suaves utilizando ácido nítrico na presença de anidrido acético a -10°C . Esta mistura produz acetilnitrato e ácido acético.

O acetilnitrato conduz a uma mistura de derivados nitro nas posições 2 e 3. [5]Estas reacções ocorrem muito mais facilmente do que com o benzeno (10 vezes mais rápido). [3] **(Esquema 17)**

$$HNO_3 + Ac_2O \longrightarrow AcONO_2 + AcOH$$

Diagrama 17

III.3.1.2.3.3 -Halogenação :

A cloração é efectuada em éter por ação do cloreto de sulfurilo a 0°C (ou por hipoclorito de sódio). Obtém-se uma mistura de derivados, monocloro na posição 2 e dicloro nas posições 2 e 5. A temperaturas mais elevadas, formam-se derivados tetraclorados. O resultado pode ser também a pentacloropirrolenina.

O derivado monobromado na posição 2 é preparado isoladamente por ação da N-bromosuccinimida (NBS). O bromo em ácido acético fornece os compostos de tetrabromo.

Os derivados 2-monobromo e 2-monocloro são compostos instáveis. Os derivados N-silílicos do pirrol são bromados por NBS nas posições 3 e 4. Os 3-halopirrolos são estáveis e comportam-se como halogenetos aromáticos. **(Esquema 18)**

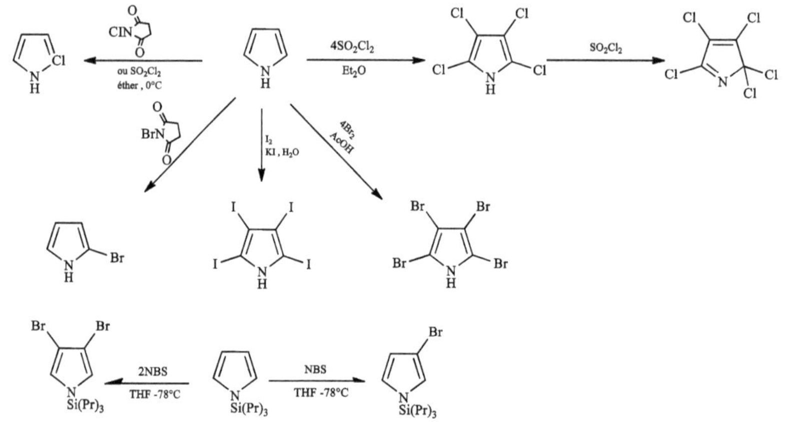

Diagrama 18

III.3.1.2.3.4 -Sulfonação :

O pirrol é muito sensível ao ácido sulfúrico concentrado e provoca polimerização. A sulfonação do pirrol foi obtida utilizando um complexo trióxido de enxofre-piridina a 100°C para dar pirrol-2-ácido sulfónico **(Esquema 19)**.

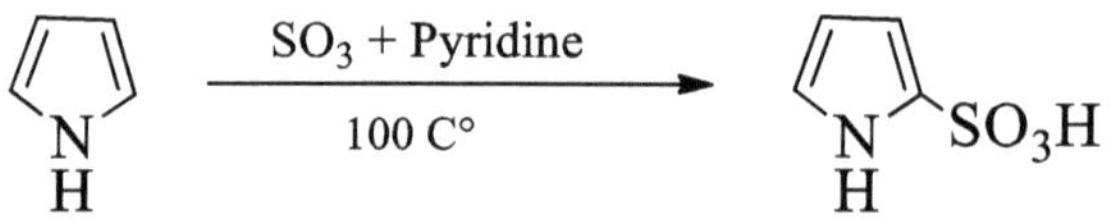

Figura 19

III.3.1.2.3.5 -Reacções com diclorocarbeno :

Dependendo das condições experimentais, dois mecanismos são possíveis, correspondendo à formação de diclorocarbenos singlete ou triplete.

Num meio fracamente básico, com a geração de diclorocarbeno por aquecimento de tricloroacetato de sódio num solvente aprótico neutro, observa-se uma cicloadição [2+1] numa ligação dupla do anel. O sistema bicíclico obtido por esta reação evolui para a 3-cloropiridina com perda de cloreto de hidrogénio.

Num meio fortemente básico, com a produção de diclorocarbeno por ação do hidróxido de potássio sobre o clorofórmio, a substituição electrofílica é preferida e o resultado é o pirrol-2-carboxaldeído. **(Esquema 20)**

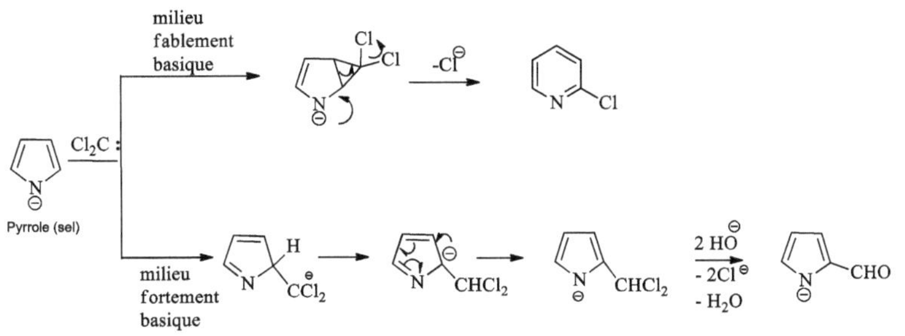

Diagrama 20

III.3.1.2.3.6 -Acilação :

O pirrol é diretamente acilado por aquecimento com anidrido acético a 200°C *(1)* para dar uma mistura de 2-acetilpirrol como produto principal.

No entanto, o N-acetilpirrol é obtido em rendimentos elevados por aquecimento do pirrol com N-acetilimidazol *(2)*.

A reação do pirrol com um anidrido reativo, como o anidrido trifluoroacético (TFAA) ou o anidrido tricloroacético, à temperatura ambiente, produz os respectivos acetilpirrol*(3)* **(Figura 21).**

51

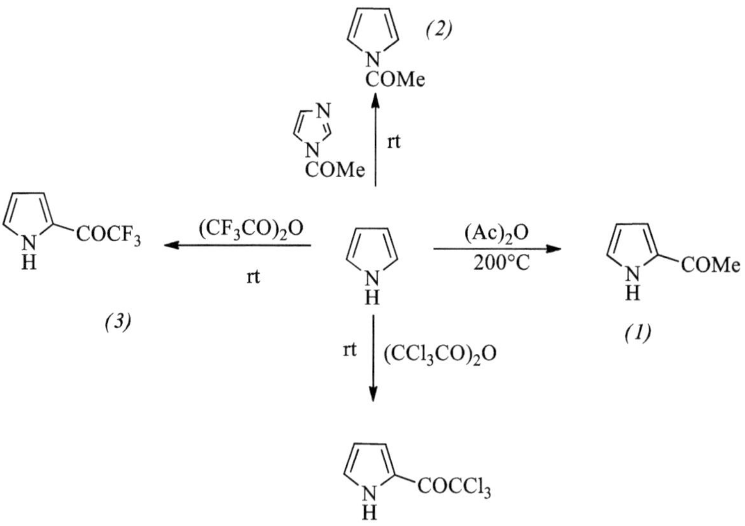

Diagrama 21

III.3.1.2.3.7 -Condensação com aldeídos e cetonas :

A condensação do pirrol com aldeídos alifáticos dá origem a polímeros. A maioria dos derivados do pirrol condensa muito facilmente com cetonas e aldeídos alifáticos ou aromáticos na presença de um ácido fraco.

Em primeiro lugar, a hidroximetilação forma um pirrolilcarbinol instável que perde imediatamente uma molécula de água na presença de um ácido, dando origem ao catião 2-alquilidenopirrólio, que é um eletrófilo muito potente (A), que pode ser reduzido a um derivado alquílico ou reagir com uma nova molécula de pirrol para formar um derivado dipirrimetano (B). **(Esquema 22)**

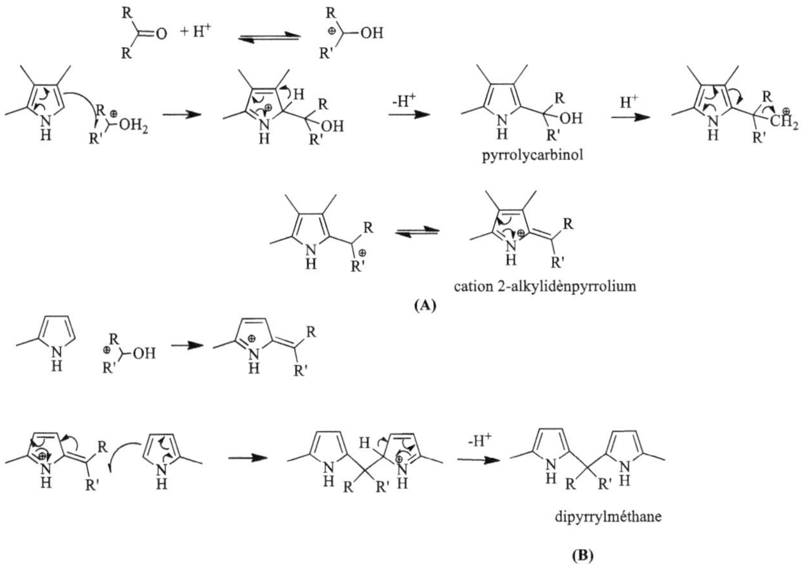

pyrrolycarbinol

cation 2-alkylidènpyrrolium

(A)

dipyrrylméthane

(B)

Diagrama 22

III.3.1.2.4 - Reacções de substituição nucleofílica:

Devido à natureza nucleofílica do pirrol, a substituição nucleofílica não é fácil, a menos que estejam presentes no anel grupos retiradores de electrões.

O 1-metil-2,5-dinitropirrol (A) com piperidina (B) à temperatura ambiente em dimetilsulfóxido (DMSO) deu (1-metil-5-nitro-pirrol-2-il)piperidina, enquanto que a exposição do 2,3-dinitro-1-metilpirrol (C) com metóxido de sódio deu 2-metoxi-3-nitro-1-metilpirrol com muito bom rendimento.

[3]Observa-se uma substituição nucleofílica sem precedentes quando o pirrol de origem é aquecido com hidrogenossulfito de sódio a 100°C, produzindo pirrolidina-2,5-dissulfonato de sódio, presumivelmente através do pirrol C-protonado **(Esquema 23).**

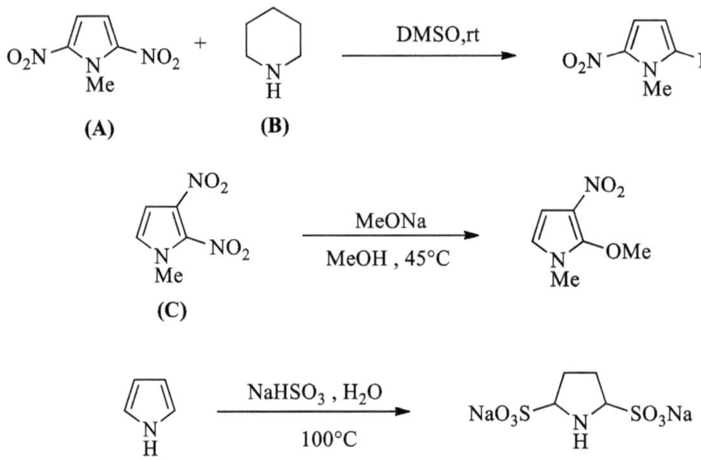

Diagrama 23

III.3.1.2.5 -Redução :

Os pirrolos são reduzidos a pirrolidinas por hidrogénio (1 atm, 25°C) na presença de platina como catalisador, e a pressão e temperatura elevadas, com níquel Raney **(Esquema 24)**.

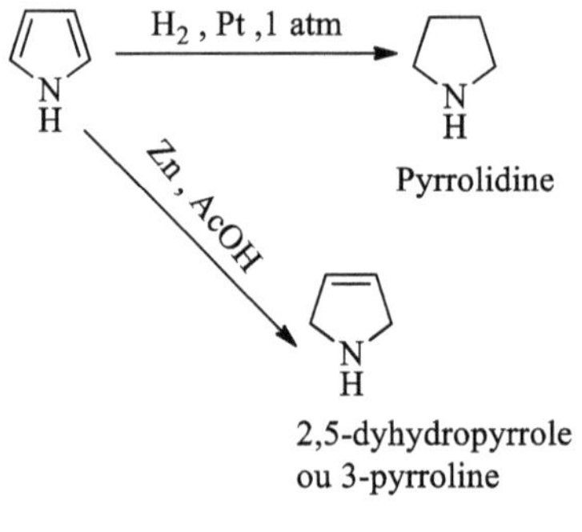

Diagrama 24

Esta redução é mais fácil se o azoto for substituído por um grupo atrativo. O anel pirrólico não é reduzido pelo sódio em etanol ou amoníaco, nem pelos hidretos. O meio ácido favorece a hidrogenação. O hidrogénio nascente gerado pelo zinco em ácido acético produz 2,5-dihidropirrol (ou 3-pirrolina).

III.3.1.2.6 -Oxidação :

 O pirrol é oxidado em maleimida pelo trióxido de crómio em ácido acético. O peróxido de hidrogénio, na presença de carbonato de bário a 100°C, oxida o pirrol em 3-pirrolina-2-ona (predominante) que se encontra em equilíbrio com o 2-hidroxipirrol e a 4-pirrolina-2-ona. [5]

(Diagrama 25)

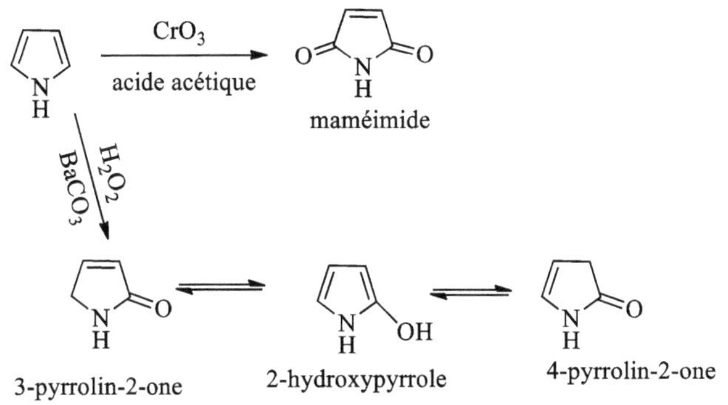

Diagrama 25

III.3.1.2.7 -Rearranjo térmico :

Alguns derivados do pirrol são transformados a altas temperaturas em isómeros posicionais ou de anel estendido dos produtos.

A 600°C, o 1-metilpirrol sofre um rearranjo térmico para produzir uma mistura de 2-metilpirrol, 3-metilpirrol e piridina. Em condições semelhantes, o 1-fenilpirrol também sofre um rearranjo num isómero posicional, o 2-fenilpirrol **(Esquema 26)**.

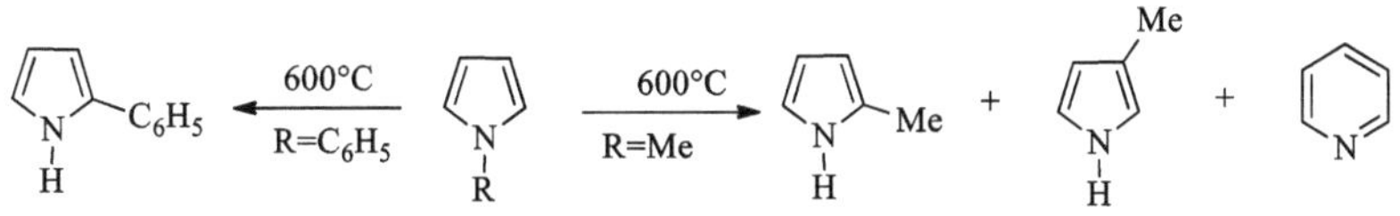

Diagrama 26

III.4-Heterociclos com seis membros :

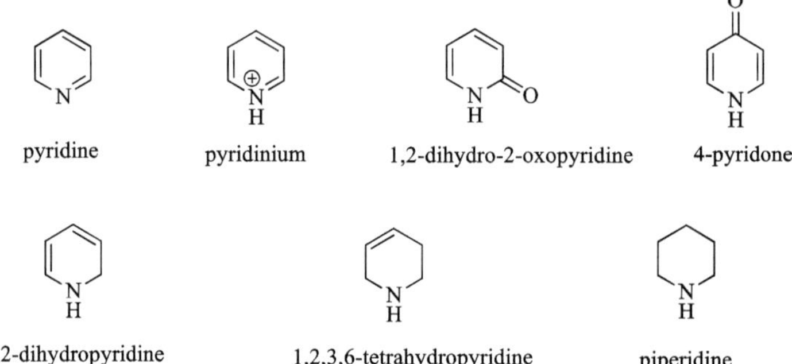

III.4.1 -Aromaticidade dos heterociclos com seis membros :

Uma vez que se considera que os heterociclos aromáticos de seis membros derivam do anel benzénico através da substituição do grupo CH pelo heteroátomo eletronegativo, o comportamento químico destes heterociclos pode ser considerado semelhante ao do benzeno.

Pela introdução de heteroátomos. A eletronegatividade dos heteroátomos faz com que os electrões sejam retirados dos átomos de carbono do anel, afectando assim o posicionamento dos electrões, causando uma falta de electrões nos átomos de carbono circulantes. Como resultado, os heterociclos de seis membros são chamados heterociclos "n-deficientes"), e as reacções de substituição electrofílica são 107 vezes mais difíceis do que com o benzeno. [2]

III.4.2 - Aromaticidade da piridina :

Temos 3 ligações duplas e um doublet livre, o que dá um total de 4 ligações pi, ou seja, um número par, o que significa que a molécula é anti-aromática. Voltemos então à regra de Hückel, que diz que o azoto participa na aromaticidade mas já tem uma ligação pi. Isto significa que estes electrões (o doublet livre) não podem fazer parte dos electrões pi, por isso não são contados, pelo que temos um número ímpar de pares de electrões que suportam a nossa regra que torna a piridina aromática. [12]

^{2}O doublet do azoto livre, situado numa orbital sp hibridizada, não está deslocalizado, o que confere a este átomo um carácter básico. A piridina é uma base fraca, e esta fraca basicidade da piridina parece contradizer as observações feitas acima sobre os efeitos indutivos e mesoméricos.

A única razão atualmente apresentada para esta baixa basicidade está ligada à hibridação do azoto no anel. [32]Nas aminas alifáticas ou na piperidina, que são compostos mais básicos do que a piridina, o azoto está hibridizado sp e tem um efeito de atração indutivo inferior ao do azoto da piridina hibridizado sp **(Figura 5)** [3].

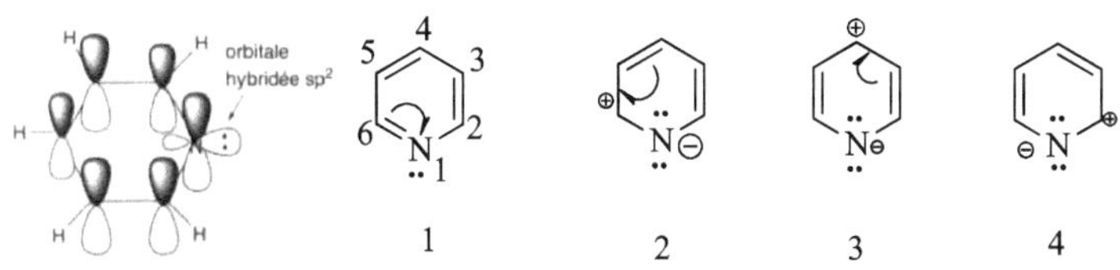

Figura 5: Aromaticidade do anel piridínico

III.4.3-Reacções de reagentes electrofílicos em carbonos cíclicos :

O ataque de reagentes electrofílicos à piridina afecta primeiro o azoto com a formação de iões piridínio, o que torna estas reacções ainda mais difíceis. [15]A piridina comporta-se como o nitrobenzeno com reagentes electrofílicos, exceto na nitração ou sulfonação, em que as condições são particularmente vigorosas e semelhantes às utilizadas para o 1,3-dinitrobenzeno (10 vezes menos reativo que o benzeno).

Na maioria dos casos, as reacções com reagentes electrofílicos são quase exclusivamente orientadas para a posição 3 da piridina. Quando um grupo doador de electrões está presente na posição 3, as substituições por reagentes electrofílicos são facilitadas e orientadas para a posição 2.

III.4.3.1-Nitração :

Esta é uma reação muito difícil. A 370°C, o ácido nítrico, na presença de ácido sulfúrico concentrado, conduz à 3-nitropiridina (6%) e à 2-nitropiridina (0,5%) (Reação A).

A presença de grupos dadores indutivos, como os grupos metilo, favorece a nitração, mas conduz também à sua oxidação parcial. As lutidinas e as colidinas são oxidadas nos ácidos correspondentes e descarboxiladas em nitropiridinas (reacções B e C).

A presença de átomos volumosos, como o cloro, em torno do azoto, nas posições 2 e 6, cria um obstáculo estérico à formação de leões de piridínio. Em combinação com a utilização de tetrafluoroborato de nitrónio, a nitração é mais fácil neste caso. Assim, a 2,6-dicloropiridina foi nitrada com 77% de rendimento na posição 3 (reação D). Os grupos cloro foram removidos por cobre na presença de ácido benzoico a 180°C **(Esquema 27)**.

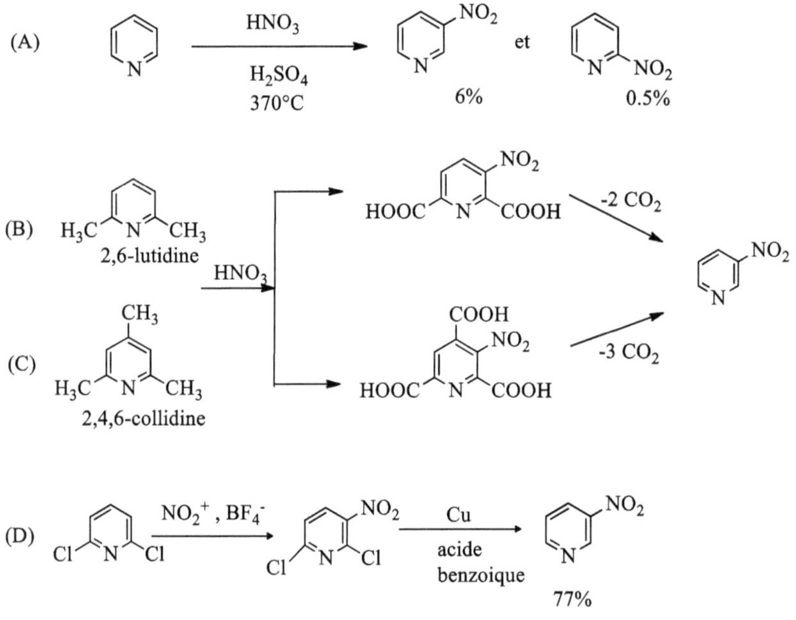

Diagrama 27

A presença de um grupo hidroxi ou amino na piridina facilita a nitração. A 2-hidroxipiridina (ou 2-piridona) é nitrada na posição 4 (Reação E).

A 4-aminopiridina é primeiramente nitrada na função amina para N-nitroamina, que é então rearranjada para 4-amino-3-nitropiridina (Reação F). A reação é realizada utilizando uma mistura de ácido nítrico e sulfúrico a 70°C **(Esquema 28)**.

58

(E) [estrutura química] ⇌ [estrutura química] → (HNO₃ / H₂SO₄) → [estrutura química]

(F) [estrutura química] → (HNO₃ / H₂SO₄) → [estrutura química] → (Réarr) → [estrutura química]

Figura 28

III.4.3.2-Sulfonação *:*

A piridina é um líquido polar miscível com solventes orgânicos e água. Pode ser formalmente derivada do benzeno através da substituição do grupo CH por um átomo de azoto.

A piridina é um anel heterocíclico muito aromático, mas o papel dos heteroátomos torna as suas propriedades químicas completamente diferentes das do benzeno. Se existirem 6 electrões pi, o anel heterocíclico será considerado aromático, mas estes electrões já estão intactos, excluindo o dubleto livre do azoto, pelo que o dubleto livre será ligado sem destruir a aromaticidade do anel.

É considerado a forma alcalina (pka = 5,2). O sal de piridina pode ser formado a partir da piridina e do alquilo 1. A piridina forma um complexo por adição de um ácido de Lewis, como o trióxido de enxofre 2 **(Esquema 29)** [11].

Diagrama 29

III.4.3.3-Halogenação :

O bromo no óleum reage com a piridina para dar 3-bromopiridina (A) em mais de 80% de rendimento. Em primeiro lugar, forma-se o 1-sulfonato de piridínio, que reage depois com o bromo.

O bromo ou o cloro reagem entre 200 e 300°C (100°C na presença de cloreto de alumínio) para dar 3-bromo ou 3-cloropiridina e 3,5-dibromo ou 3,5-dic hloropiridina (B).

A temperaturas mais elevadas, a substituição ocorre na posição 2, depois nas posições 2 e 6.

Na presença do complexo cloridrato de piridina-paládio, o cloro e o bromo reagem a -5°C para dar 2-bromo e 2-cloropiridinas (C). **(Esquema 30)**

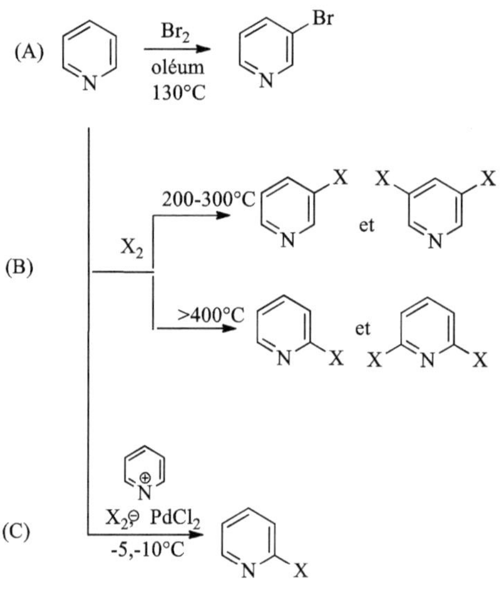

Diagrama 30

III.4.3.4-Mercuração :

A piridina forma um sal quando tratada com uma solução aquosa de acetato de mercúrio. Transforma-se a 180°C em 3-acetoximercuripiridina. Na presença de cloreto de sódio, obtém-se o derivado cloromercúrico. **(Esquema 31)**

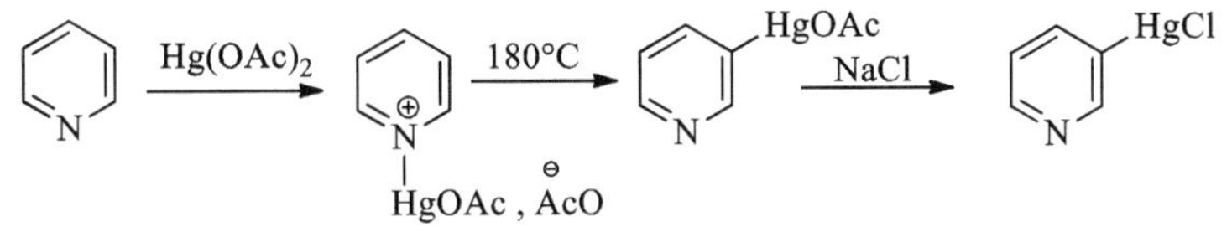

Diagrama 31 (scheme)

Diagrama 31

III.4.4-Reacções com reagentes nucleófilos :

Contrariamente às reacções com reagentes electrofílicos, difíceis e por vezes mesmo impossíveis com a piridina, as reacções com reagentes nucleófilos são numerosas e facilitadas pela presença da ligação azometina no anel, que é retiradora de electrões, dirigindo o ataque para a posição 2, ou 6, depois para a posição 4 (ou vice-versa em alguns casos), e muito raramente para a posição 3. Este ataque é seguido pela perda de um ião hidreto, que na maioria das vezes requer a presença de um oxidante para atuar como aceitador.

Se um grupo de saída, como o grupo cloro, estiver presente na posição 2 ou 4, o ataque do nucleófilo é dirigido mais para estes carbonos com a remoção deste grupo, uma vez que o ião hidreto é um grupo de saída muito pobre que requer condições experimentais mais vigorosas para ser removido. **(Esquema 32)**

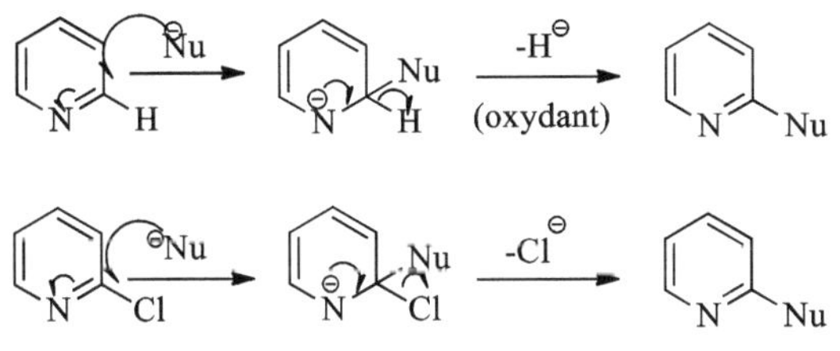

nécléophiles: RLi , AlH_4^- , NH_2^- , HO^- , RS^- , RO^- , amines et NH_3

Diagrama 32

III.4.4.1-Alquilação e arilação :

A adição de alquil ou aril-lítio à piridina dá origem a sais de lítio de dihidropiridinas (A) que podem por vezes ser isolados. É o caso do fenilítio (reação realizada a 0°C.

É então possível perder uma molécula de hidreto de lítio por aquecimento, dando origem a piridinas de substituição. As piridinas de substituição formam-se igualmente a partir de 1,2-dihidropiridinas obtidas por adição de ácido diluído aos derivados de lítio (B).

A oxidação pelo ar transforma-as em piridinas. As piridinas são mais facilmente alquiladas por compostos de organolítio do que por compostos de organomagnésio. **(Esquema 33)**

(A)   + RLi   R= groupe aryle ou alkyle   -LiH   H₂O   (B)   R= groupe aryle   O$_2$ -2H

Diagrama 33

III.4.4.2-Aminação :

A ação da amida de sódio, potássio ou bário sobre a piridina dá origem à 2-aminopiridina. A reação pode ser realizada a seco, mas mais frequentemente em solventes aromáticos em ebulição, como o tolueno ou a N,N-dimetilanilina, a uma temperatura superior a 100°C (condições heterogéneas).

Pode também ter lugar a baixa temperatura na presença de amida de sódio, em condições homogéneas, num solvente adequado (condições óptimas). A reação começa por atacar o anião amida com azoto para formar um sal de sódio de 2-amino-1,2-dihidropiridina. Este sal elimina uma molécula de hidrogénio antes que a adição de água liberte a 2-aminopiridina. A aromatização é facilitada pela presença de oxidantes como o permanganato de potássio. Este mecanismo é objeto de grande controvérsia, existindo diversas variantes. A única certeza é a formação do sal de 2-amino-1,2-dihidropiridina e a evolução do hidrogénio **(esquema 34).**

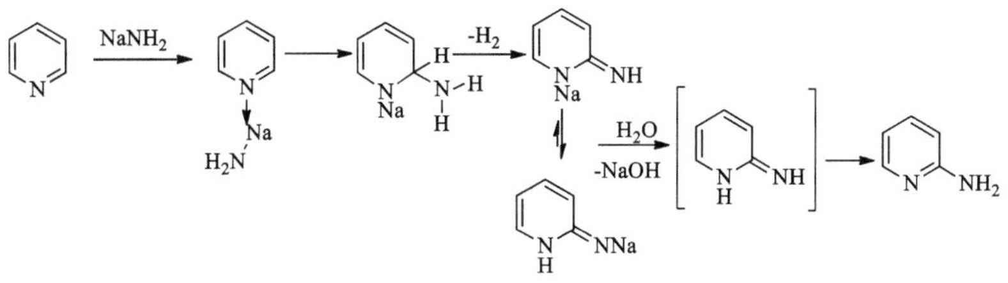

Diagrama 34

III.4.4.3-Hidroxilação :

$\bar{2}$ As reacções do hidróxido de potássio ou de sódio com a piridina (A) ocorrem em condições mais vigorosas do que com a amidida de sódio, porque oião OH é um reagente nucleófilo mais fraco do que o ião amidida NH .

Após a acidificação do anião formado e a oxidação da 2-hidroxi-1/2-di-hidropiridina resultante, obtém-se a 2-piridona com baixo rendimento. **(Esquema 35)**

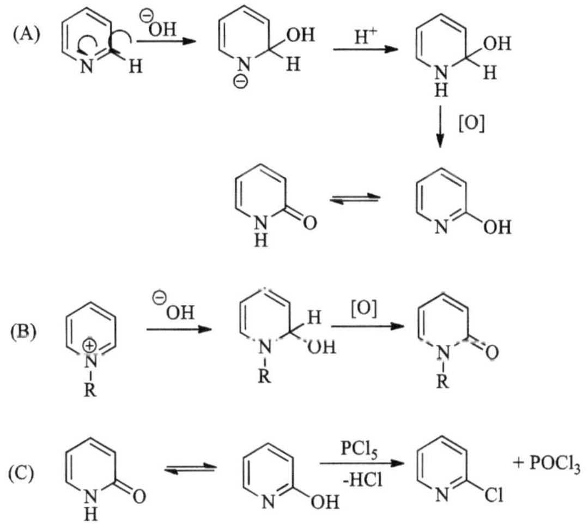

Diagrama 35

Estas reacções ocorrem muito mais facilmente com os sais de piridínio (B). ¨Sob a ação do pentacloreto de fósforo, a 2-piridona leva à substituição do OH da forma tautomérica por Cl, dando 2-cloropiridina (C). [3]

III.5-Heterociclos aromáticos condensados :

 A fusão de um benzeno a um heterociclo aromático preserva a aromaticidade numa forma modificada. Estes heterociclos aromáticos apresentam ligações alternadas, o que sugere um posicionamento parcial das ligações.

III.5.1 Heterociclos aromáticos com 5 membros fundidos :

De 1 a 4, a alternância de duplos livres pode ser detectada. Mas em 5-7, onde um anel de benzeno é fundido a um heterociclo aromático de cinco membros por uma única ligação carbono-carbono, são menos aromáticos devido à alternância considerável de ligações duplas **(Figura 6).**

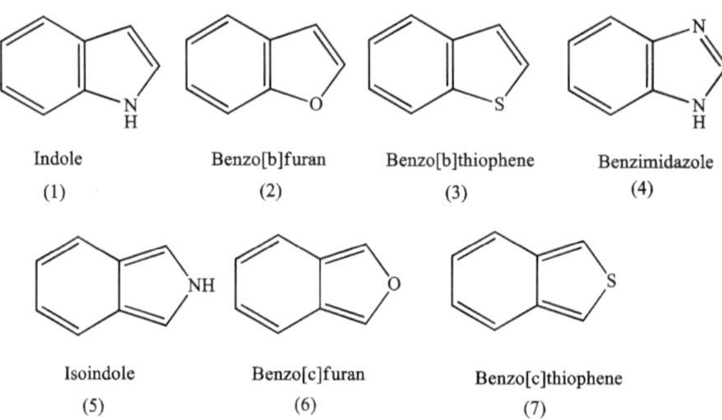

Figura 6: Heterociclos aromáticos condensados com 5 membros

III.5.2-Heterociclos aromáticos condensados com 6 membros :

Estes heterociclos estão ligados ao naftaleno da mesma forma que a piridina está ligada ao benzeno. A fusão de um anel de benzeno, no entanto, resulta numa diminuição da aromaticidade devido à alternância de ligações **(Figura 7).**

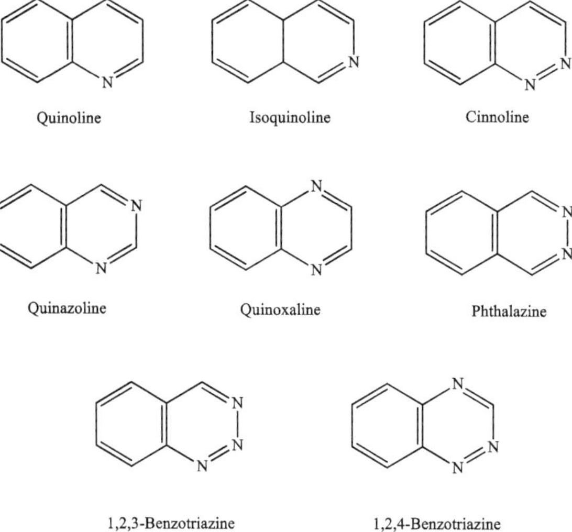

Figura 7: Heterociclos aromáticos condensados com 6 membros

III.5.3-Outros heterociclos condensados :

A condensação de dois heterociclos aromáticos de seis membros por uma única ligação de carbonato leva à formação de análogos heterocíclicos do naftaleno, (A) e (B).

Do mesmo modo, a condensação de um heterociclo aromático de seis membros com um heterociclo aromático de cinco membros forma um heterociclo bicíclico (C) que também é considerado como fazendo parte da classe dos heterociclos aromáticos. [2] **(Figura 8)**

(A) 1,5-Naphthyridine (B) Pteridine (C) Purine

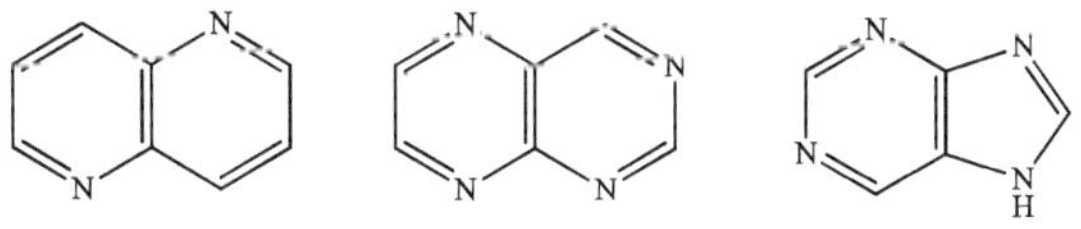

Figura 8

IV-Conclusão :

Neste capítulo, estudámos as diferentes propriedades de cada classe de heterociclos de 3 a 6 membros; as prioridades físicas são importantes como critério de avaliação da pureza dos heterociclos. O nosso estudo baseia-se principalmente nos heterociclos de cinco e seis membros, uma vez que apresentam uma reatividade química satisfatória e actividades físico-químicas biológicas e terapêuticas interessantes.

CAPÍTULO III

UTILIZAÇÃO DE HETEROCICLOS PARA FINS TERAPÊUTICOS

I-Introdução :

A maioria dos produtos farmacêuticos é baseada em heterociclos e, entre as várias aplicações clínicas, os compostos heterocíclicos têm um papel ativo considerável como medicamentos antibacterianos, antivirais, antifúngicos, anti-inflamatórios e antitumorais.

Os heterociclos são uma unidade estrutural comum na maioria dos medicamentos comercializados. Dos cinco medicamentos de pequenas moléculas mais vendidos a retalho nos EUA em 2014, quatro são ou contêm fragmentos de heterociclos na sua estrutura global **(Figura 1)**[13]

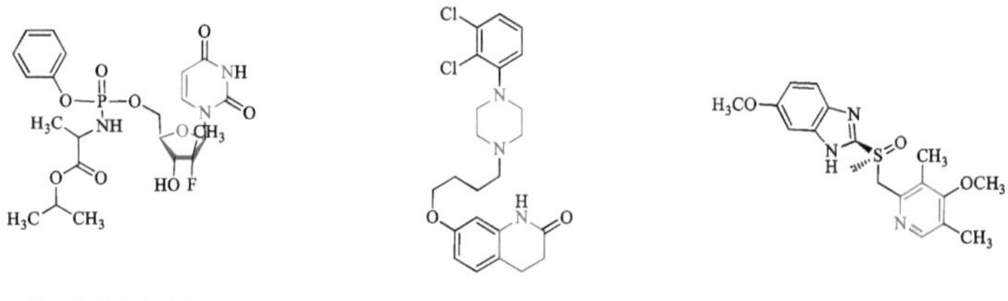

Sovaldi (Sofosbuvir)
Antivirale

Abilify (Aripipirazole)
Antipsychotique

Nexium (Esomeprazole)
Antiucéreux

Figura 1: Principais vendas a retalho de medicamentos de pequenas moléculas de heterociclo nos EUA em 2014.

II-Nitrogénios heterociclos :

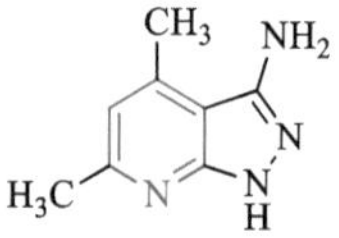

(1)

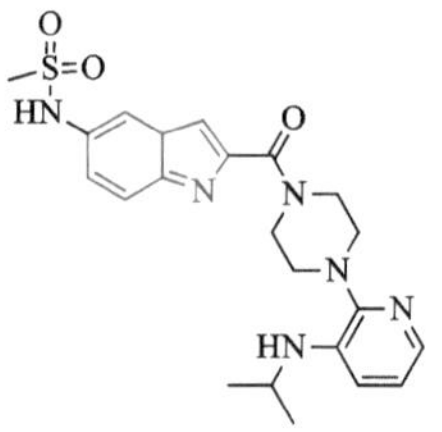

(2)

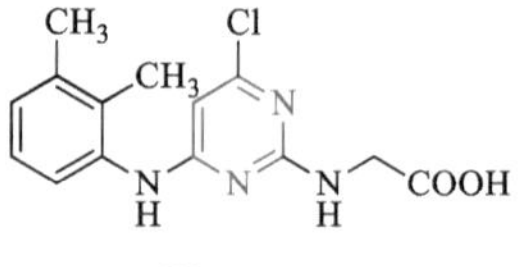

(3)

Figura 2: Alguns exemplos de fármacos que contêm um heterociclo de azoto como núcleo principal

II.1-Piridina :

Muitos medicamentos e pesticidas contêm uma fração de piridina. Entre os exemplos contam-se agentes antimicrobianos, agentes antivirais, antioxidantes, agentes antidiabéticos, agentes antimaláricos, agentes anti-inflamatórios, antagonistas psicofarmacológicos e agentes antiamoébicos. [13]

Estas fracções de piridina desempenham um papel essencial na química medicinal. Um dos papéis da piridina na química medicinal é melhorar a solubilidade em água devido à sua baixa basicidade.

II.1.1-Sulfapiridina :

A sulfapiridina tem uma boa atividade antibacteriana e solubilidade em água em condições ácidas.

Sulfupyridine

II.1.2-Omeprazol :

O omeprazol é utilizado para tratar certos problemas do estômago e do esófago (como refluxo ácido e úlceras). O seu modo de atuação consiste em reduzir a quantidade de ácido gástrico produzido. Alivia sintomas como azia, dificuldade em engolir e tosse persistente. Ajuda a curar as lesões causadas pelo ácido no estômago e no esófago. Ajuda a prevenir as úlceras e pode ajudar a prevenir o cancro do esófago. [14]

Omeprazole

II.1.3 - A eszopiclona é utilizada como hipnótico e sedativo no tratamento da insónia.

Eszopiclone

II.2-Indole :

Os indóis encontram-se em abundância em compostos biologicamente activos como os produtos farmacêuticos, os agroquímicos e os alcalóides. A importância do indol levou ao desenvolvimento de vários compostos bioactivos através da variação dos substituintes em diferentes posições do anel de indol. Estes compostos foram descritos para várias actividades biológicas, tais como antimicrobiana, antiviral, inseticida, analgésica, etc. [15]. [15]

II.2.1- 2,3- diailindole :

A estrutura do indol é um dos heterociclos mais prevalentes em compostos bioactivos naturais e sintéticos, incluindo agentes anticancerígenos. Devido à sua biodiversidade e versatilidade, tem sido um motivo altamente privilegiado para a conceção e desenvolvimento de agentes anticancerígenos, como o 2,3- diailindole.

2,3-diarylindole

II.2.2-Indometacina :

A indometacina, também conhecida como indometacina, é um medicamento anti-inflamatório não esteroide normalmente utilizado como medicamento de prescrição para reduzir a febre, a dor, a rigidez e o inchaço causados pela inflamação.

Indometacine

II.3-Pirimidina:

Alguns derivados da pirimidina são unidades estruturais primárias do ADN e do ARN, o que sublinha o facto de a pirimidina pertencer a uma classe especial de compostos para a investigação e o desenvolvimento de medicamentos [16].

II.3.1-Metotrexato :

Vários medicamentos anti-cancro contêm o ciclo da pirimidina. Um dos primeiros medicamentos, ainda hoje utilizado, é o metotrexato, que actua inibindo a formação de ácido fólico. [6]

Methotrexane

II.3.2- Risperidona :

A risperidona é um antipsicótico atípico amplamente utilizado no tratamento da mania e da esquizofrenia. O tratamento com risperidona está associado a elevações das aminotransferases séricas e, em casos raros, tem sido associado a lesões hepáticas agudas clinicamente aparentes. [17]

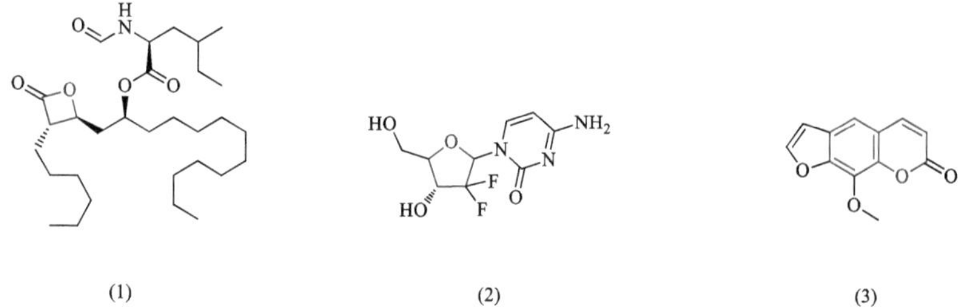

Risperdone

III-Heterociclos oxigenados :

Os heterociclos de oxigénio são o segundo tipo mais comum de heterociclos que aparecem como componentes estruturais de produtos farmacêuticos aprovados pela Food and Drug Administration (FDA) dos EUA. A análise da nossa base de dados de medicamentos aprovados até 2017 revela 311 medicamentos distintos que contêm pelo menos um heterociclo de oxigénio. [18] **Figura 3**

(1)   (2)   (3)

Figura 3: Alguns exemplos de fármacos que contêm um heterociclo oxigenado como núcleo principal

III.1-Oxirano :

O grupo funcional oxirano (epóxido) é, sem dúvida, o heterociclo de anel pequeno mais útil do ponto de vista sintético, devido à sua facilidade de síntese e às reacções de abertura do anel em grande escala, que ocorrem geralmente com regiosselectividade e estereoespecificidade previsíveis. [19]

III.1.1-Escopolamina :

A escopolamina é um fármaco anticolinérgico utilizado para tratar uma série de doenças, como náuseas, úlceras pépticas, síndrome do intestino irritável e doença pulmonar obstrutiva crónica (DPOC). [20]

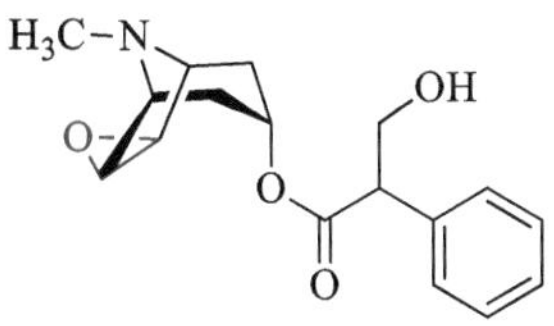

Scopolamine

III.1.2-Natamicina :

A natamicina é um antifúngico disponível sob a forma de gotas oculares para tratar infecções fúngicas à volta do olho[17].

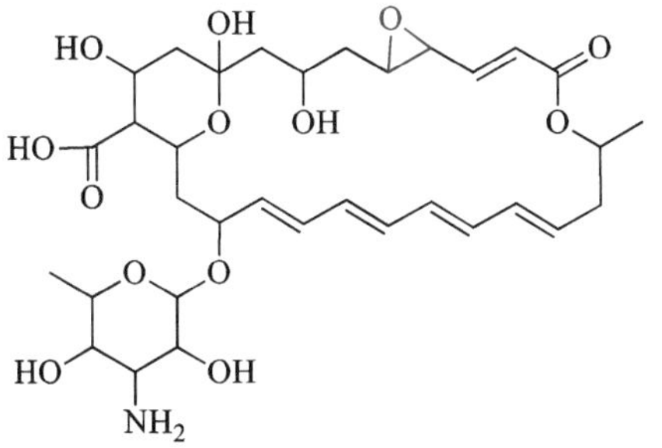

Natamycin

III.2-Furão :

III.2.1-Dantroleno :

Este medicamento é utilizado para tratar a rigidez muscular e cãibras (espasmos) causadas por certos distúrbios nervosos, como lesão da medula espinhal. [21]

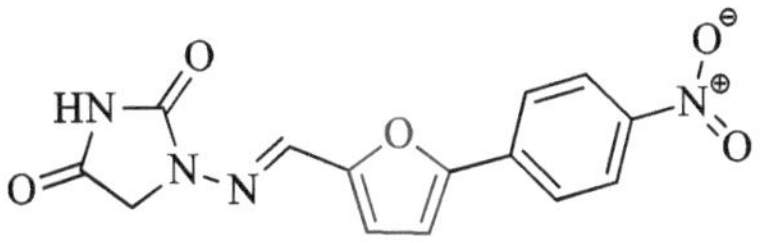

Dantrolene

III.2.2-Furosemida :

A furosemida é administrada para ajudar a tratar a retenção de líquidos (edema) e o inchaço causados por insuficiência cardíaca congestiva, doença hepática, doença renal ou outras condições médicas.

Furosemide

III.2.3-Furadantina :

A furadantina é um agente antibacteriano utilizado para tratar infecções do trato urinário[17].

Furadantine

III.3- Benzofurano:

II.3.1-Metoxsalen :

O metoxsaleno é utilizado num tratamento denominado PUVA para tratar o vitiligo, uma doença em que a pele perde a cor, e a psoríase, uma doença de pele associada a manchas vermelhas e escamosas[17].

Methoxsalen

III.3.2 Amiodarona :

A amiodarona é um fármaco anti-arrítmico utilizado para tratar a taquicardia ventricular ou a fibrilhação ventricular[17].

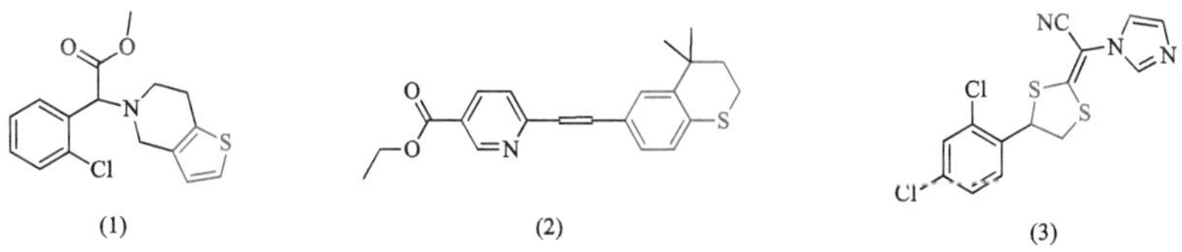

Amiodarone

IV-Heterociclos de enxofre :

Os heterociclos que contêm enxofre como heteroátomo são uma das classes mais importantes de compostos heterocíclicos utilizados continuamente em química e têm numerosas acções farmacológicas, tais como anticancerígena, antiviral, anti-inflamatória, antimicrobiana, antituberculose, [22] etc. **Figura** 4.

(1)

(2)

(3)

Figura 4: Alguns exemplos de fármacos que contêm um heterociclo de enxofre como núcleo principal

IV.1-Tiofeno :

IV.1.1-Suprofeno :

O suprofeno actua como um anti-inflamatório não esteroide, um analgésico não narcótico, um antirreumático, um medicamento para o sistema nervoso periférico e um alergénio medicamentoso.

Suprofene

IV.1.2 Articaína :

A articaína é um anestésico local do tipo amida dentária. É o anestésico local mais utilizado em vários países europeus e está disponível em muitos outros países. É o único anestésico local que contém um anel tiofénico.

Articaïne

IV.2- Tetana :

O tetano encontra-se em vários medicamentos, quer como antidepressivo quer como anti-hipertensivo.

Activité antidepréssive

Activité antihypertenssive

IV.3- Tiopirano :

Em 2019, uma nova série de derivados de tiopirano contendo uma porção de biciclopirazolona foi relatada e avaliada quanto à atividade antibacteriana e antifúngica.

- *Atividade antifúngica :*

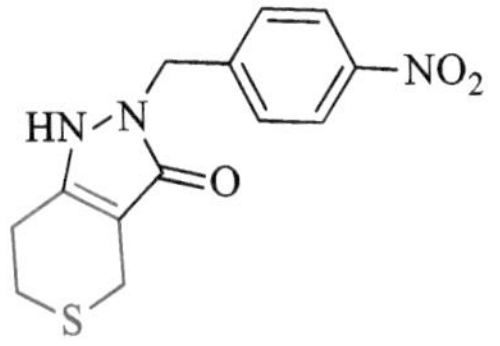

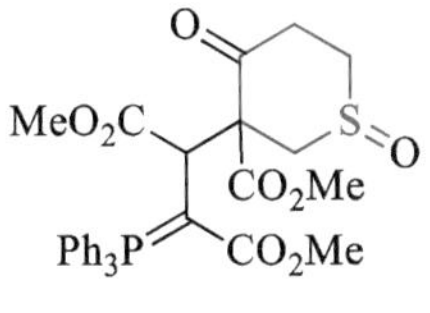

- ***Atividade antibacteriana :***

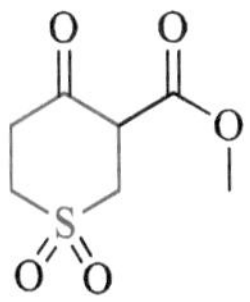

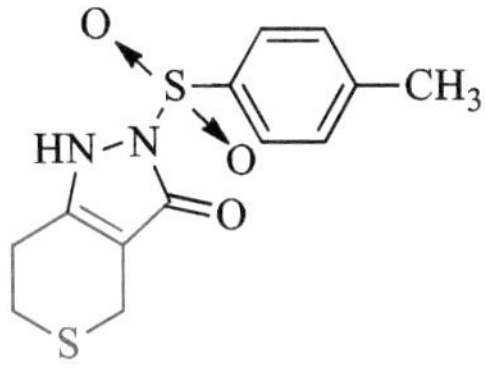

V-Conclusão :

Neste capítulo, expusemos as actividades biológicas dos heterociclos que tiveram grande utilidade na química farmacêutica industrial e para os quais elucidámos o papel de cada família em determinados medicamentos.

Verificámos que a atividade biológica destes heterociclos está intimamente ligada ao número de membros da cadeia e ao heteroátomo presente, pelo que existe uma atividade múltipla para cada tipo de heterociclo.

Vários estudos mostraram que os heterociclos condensados com benzeno têm uma atividade biológica mais interessante.

77

CONCLUSÃO GERAL

CONCLUSÃO GERAL

As reacções heterocíclicas têm, compreensivelmente, atraído a atenção de muitos grupos de investigação, tanto no campo académico como na indústria farmacêutica.

Atualmente, podemos sintetizá-los através de novos tipos de estruturas e métodos heterocíclicos, e não há dúvida de que a química heterocíclica continuará a progredir. E a ciência ensinou-nos a utilizar os heterociclos para melhorar a qualidade da vida humana e explorar os segredos da natureza.

Os heterociclos são quimicamente mais flexíveis e estruturalmente mais rígidos para satisfazer os muitos requisitos dos sistemas bioquímicos.

A velocidade a que os compostos heterocíclicos continuam a ser inventados atesta a força e a vitalidade desta área da química orgânica. Os desafios da descoberta de novos sistemas heterocíclicos e da compreensão das suas propriedades também continuam a impulsionar a investigação neste domínio.

Bibliografia

[1] AOUMEUR.N ; *"Mémoire de magister"*. Universidade de Oran 1, fevereiro de **2011**.

[2] Gupta, R. R., Kumar, M., & Gupta, V *Heterocyclic Chemistry: Volume II: Five-Membered Heterocycles*. Springer Science & Business Media. . (**2013**).

[3] R. MILCENT, Química Orgânica Heterocíclica, EDP Ciências, **2003.**

[4] G. Bélanger. Curso de química orgânica heterocíclica 706, setembro **de 2018**

[5] Ram, Vishnu Ji, et al. *The Chemistry of Heterocycles: Nomenclature and Chemistry of Three to Five Membered Heterocycles*. Elsevier, **2019**.

[6] Tyrell, John A., e Louis D. Quin. *Fundamentals of heterocyclic chemistry: importance in nature and in the synthesis of pharmaceuticals (Fundamentos da química heterocíclica: importância na natureza e na síntese de produtos farmacêuticos)*. John Wiley & Sons, **2010**.

[7] Eicher, Theophil, S. Hauptmann, A.Speicher. *A química dos heterociclos: estruturas, reações, síntese e aplicações*. John Wiley & Sons, **2013**.

[8] "Compostos *Heterocíclicos Saturados*". *Saturated Heterocyclic Compounds Biotechnology and Biomaterials*, https://www.omicsonline.org/saturated-heterocyclic-compounds-peer-reviewed-open-access-journals.php.

[9] Aromaticidade. Wikipedia, a enciclopédia livre. Página acedida às 07:47, 21 de março de **2019** de http://fr.wikipedia.org/w/index.php?title=Aromaticit%C3%A9&oldid=157734418.

[10] "Regra de Huckel". 5 de junho de **2019.** https://chem.libretexts.org/@go/page/126935

[11] Jones, R. C. F. "Aromatic heterocyclic chemistry: David T. Davies. Davies, Oxford Science Publications, **1992**

[12] "Regras de Aromaticidade + Compostos Aromáticos Cíclicos, Carregados e Heterocíclicos". MCAT and Organic Chemistry Study Guides & Tutoring, 18 Feb. **2016**, https://leah4sci.com/aromaticity-tutorial-for-cyclic-charged-and-heterocyclic-aromatic-compounds

[13] Martins, Pedro et al. *"Heterocyclic Anticancer Compounds: Recent Advances and the Paradigm Shift towards the Use of Nanomedicine's Tool Box"*. *Molecules (Basileia, Suíça)* . 16 Set. **2015**, doi: 10.3390/molecules200916852

[14] Omeprazol Oral: Usos, efeitos secundários, interacções, imagens, avisos e dosagem - WebMD. https://www.webmd.com/drugs/2/drug-3766-2250/omeprazole-oral/omeprazole-delayed-release-tablet-oral/details

[15] Sravanthi, T.V., Manju, S.L., Indoles - *Um andaime promissor para o desenvolvimento de medicamentos*, (**2016**), doi: 10.1016/j.ejps.2016.05.02

[16] Dinesh, Reddy & Kongot, Manasa & Kumar, Amit (**2021**). *Derivados híbridos de cumarina como pistas promissoras para tratar a tuberculose: desenvolvimentos recentes e aspectos críticos do projeto estrutural para exibir atividade anti-tuberculosa.*

[17] Centro Nacional de Informação Biotecnológica (**2022**).

[18] J. Med. Chem - DOI: 10.1021/acs.jmedchem.8b00876 - Data de publicação (Web): 19 Jul 2018

[19] E. Gras, O. Sadek, - *Oxiranos e oxirenos: derivados de anéis fundidos*,

Editor(es): D. Black, J.Cossy, C. Stevens, *Comprehensive Heterocyclic Chemistry IV*, Elsevier, *https://doi.org/10.1016/B978-0-12-818655-8.00026-3*

[20] A. Altaf, A.Shahzad, Z.Gul, N.Rasool, A. Badshah, B. Lal, E. Khan. *A Review on the Medicinal Importance of Pyridine Derivatives. Journal of Drug Design and Medicinal Chemistry.* Vol. 1, No. 1, **2015**. doi: 10.11648/j.jddmc.20150101.11

[21] Pozharskii, Alexander F., Anatoly Timofeevich Soldatenkov, e A. R. Katrizky. *"Heterocycles in Life and Society, an Introduction to Heterocyclic Chemistry and Biochemistry and the Role of Heterocycles in Science, Technology, Medicine and Agriculture." Jornal Europeu de Química Medicinal (***1997***).*

[22] Pinder, R. M., Brogden, R. N., Speight, T. M., & Avery, G. S Dantrolene sodium. *Drugs*, (**1977**).

[23] Pathania S, Narang RK, Rawal RK. *Papel dos heterociclos de enxofre na química medicinal: uma atualização.* Med Chem. **2019** doi: 10.1016/j.ejmech.2019.07.043.